Siegfried Erker

Erfolgreiche Rufjagd

Erfahrungen eines Praktikers

Leopold Stocker Verlag
Graz – Stuttgart

Titelgestaltung: DSR|Werbeagentur Rypka GmbH, Graz

Bildnachweis: Ofö Helmut Fladenhofer Seite: 18-22, 30, 78, 154, 155, 165, 166, 170; Hermann Weikhard Seite 44, 131, 144; Katharina Erker Seite 9, 80, 109, 176. Alle übrigen Bilder, Skizzen und Statistiken Siegfried Erker; Statistiken Forstverwaltung Zalaerdö - Ungarn Seite 133-140

Quellen: Seite 190, Drechsler, H. (1988) Verlässlichkeit der Altersentwicklung, Verlag Franckh-Kosmos; Seite 205, Harke (1952) Rosenstockquotient und Alter, Verlag Franckh-Kosmos

Bibliografische Information Der Deutschen Bibliothek
Die Deutsche Bibliothek verzeichnet diese Publikation in der Deutschen Nationalbibliografie; detaillierte bibliografische Daten sind im Internet über http://dnb.ddb.de abrufbar.

Hinweis:
Dieses Buch wurde auf chlorfreiem Papier gedruckt.
Die zum Schutz vor Verschmutzung verwendete Einschweißfolie ist aus Polyethylen chlor- und schwefelfrei hergestellt. Diese umweltfreundliche Folie verhält sich grundwasserneutral, ist voll recyclingfähig und verbrennt in Müllverbrennungsanlagen völlig ungiftig.

ISBN 978-3-7020-1235-9

Printed in Austria
Layout: werbegraphik-design Gernot Ziegler, 8054 Graz
Druck: Druckerei Theiss GmbH, A-9431 St. Stefan

Inhalt

Dieses Buch widme ich als kleines „Dankeschön“
meiner Tochter Katharina und meiner Frau Silvia,
die immer Verständnis für meine Leidenschaft
aufbringen und so auch einige Entbehrungen auf
sich nehmen müssen, denn in der Brunftzeit bin
ich selten bis gar nicht zu Hause anzutreffen!

Vorwort

Ich hatte das Glück, dass ich in vielen großen Revieren in Ungarn, Slowenien und Österreich meine Leidenschaft auf Rot- und Rehwild sowie die Schwarzkittel ausüben konnte. Mit dem Rehwild beschäftige ich mich seit 42 Jahren und mit dem Rot- und Schwarzwild nahezu 30 Jahre. Was beim Reh- und Rotwild die Rufjagd, ist beim Schwarzwild die Lockjagd. Im Buch „Erfolgreiche Blattjagd" habe ich bereits meine diesbezüglichen Erfahrungen mit dem Rehwild zu Papier gebracht. Die verschiedensten Instrumente, deren richtige Handhabung, die besten Zeiten und Methoden des Blattens findet man darin. Es ist auch im Stocker Verlag erschienen und in gut sortierten Buchhandlungen und Waffengeschäften erhältlich. Über einen Zeitraum von 10 Jahren hatte ich sogar zusätzlich die Möglichkeit, meine Erfahrungen in einem Jagdgatter mit über 1.000 ha zu sammeln. Dank der Unterstützung und Großzügigkeit des zuständigen Pächters, der Berufs- und Revierjäger war es mir möglich, meine Ideen hinsichtlich Klassenaufbau, dem Markieren, Art und Umfang der Futterverabreichung, der Bejagungsmethoden, dem Einsatz von Lockinstrumenten sowie der zeitgerechten Wildversorgung einzubringen. Rotwild aller Altersklassen konnte ich eingehend beobachten und studieren und kam so – neben meinen Wahrnehmungen aus der freien Wildbahn – zu meinen Erfahrungswerten. Diese möchte ich Ihnen „nicht" als Besserwisser, sondern als aufmerksamer und leidenschaftlicher Jäger weitergeben.

Ich bin aber auch noch ständig auf der Suche nach neuen Altersbestimmungsmethoden, um das Alter eines erlegten Hirsches möglichst genau einschätzen zu können. Über meine Erfolge bei der Rufjagd, aber auch über meine Misserfolge führe ich genaue Aufzeichnungen. Um diese

Aufzeichnungen auch übersichtlich und möglichst gesammelt zu verwalten, habe ich „Das Revierbuch“ entworfen, das ebenfalls vom Stocker Verlag auf den Markt gebracht wurde.

Im Jahreslauf zählt das imposante Spektakel der Rotwildbrunft, wohl auch wegen der urgewaltigen Lautäußerungen, zu den Highlights eines Rufjägers. Mit verschiedenen Jagdgästen habe ich über 300 Brunfthirsche erlegen dürfen und konnte so meine Erfahrungen und Erkenntnisse auf den heutigen Stand bringen. Sei es das Zuordnen der Stimme, das oft schnelle Ansprechen, das Verhalten vor und nach dem Schuss oder die diversen Schusszeichen. Meiner Ansicht nach kann man den Hirsch mit einiger Erfahrung sehr gut zum Zustehen bewegen. Man kann gut mit ihm kommunizieren, und dieser Vorgang gestaltet sich spannend und einzigartig. Hat man den Hirsch so weit, dass er zusteht, kann es passieren, dass er bis auf fünf Meter herankommt, röhrt oder gar aus vollem Halse schreit und es einem dabei durch und durch geht. In solchen Situationen meinte mein alter Jagdfreund Max immer: „Wenn das einen Jäger nicht angreift, dann hat er ein steinernes Herz.“

Einige brenzlige Situationen hatte ich auch schon. Speziell dann, wenn ich den Kampfruf aggressiv verwendet und dazu noch zwischendurch mit dem Bergstock in die Sträucher geschlagen habe. Einige meiner Jagdgäste werden solche Erlebnisse wohl ihr ganzes Jagdleben lang nicht mehr vergessen. Nur ein einziges Mal habe ich einen Jagdgast aufgefordert, einen angriffslustigen, sehr alten Hirsch auf fünf Meter zu erlegen.

Welche Methoden der Bejagung und Instrumente bei der Rufjagd auf den Rothirsch zum Erfolg führen, möchte ich Ihnen in diesem Buch näher bringen, damit vielleicht auch Sie bald auf unvergessliche Erlebnisse mit dieser Jagdmethode zurückblicken können.

Weidmannsheil

Ihr

Siegfried (Sigi) Erker

Das Rotwild

Diese edle Wildart kommt in Europa fast flächendeckend vor, wobei die jeweilige Höhenlage maßgeblich für das Vorkommen ist. Sehr unterschiedlich präsentiert sich das Rotwild allerdings hinsichtlich Körpergewicht und Trophäenbeschaffenheit. Der osteuropäische Rothirsch ist vom Körpergewicht her kräftiger und das Haupt ist bis zu zehn Zentimeter länger als das unserer Berghirsche. Bei der Trophäenentwicklung – sprich Trophäengewicht – hingegen gibt es nur mehr geringe Unterschiede. Bedenklich ist jedoch, dass durch den intensiven Jagddruck in vielen Revieren das Rotwild zum Nachtwild geworden ist. Hirsche röhren in diesen Gebieten ausschließlich nachts. Im Morgengrauen, wenn der Tag anbricht, beenden sie sehr häufig ihr Konzert. Hier gestaltet sich die Rufjagd auf den „König der Wälder“ als äußerst schwierig und mühsam und fordert auch den erfahrensten Jäger. Zu meinem Glück kenne ich aber noch viele Jagdreviere, in denen sich die Hirschbrunft noch den ganzen Tag über abspielt. In unserer Zeit des ständig wachsenden Fortschritts müssen Grundbedingungen für das Rotwild und seine Hege geschaffen werden. In gefährdeten Peripherien sollte man entsprechende Schutzterrains festlegen und die Wildbestände sowie Abschusszahlen sorgfältig im Auge behalten.

„Relative Ruhe innerhalb der Reviere!“ Dies hört sich so einfach an, jedoch bei den umfangreichen Freizeit- und Tourismusangeboten, bei denen Menschen in die entlegensten Einstände vordringen und dieses edle Wild beunruhigen und dessen natürlichen Tagesanlauf stören, werden diese gelassen ausgesprochenen Worte zum Problem. Entsprechende organisatorische Maßnahmen, um ein lückenloses Zusammenwirken aller Beteiligten – Mensch und Tier – zu erzielen, sollten hier gesetzt werden. Hier müssten vorrangig die Ämter auf den Plan gerufen werden. Hegegemeinschaften tragen wesentlich zur Erhaltung von Rotwildbeständen bei. Immer wieder sind wir auch seitens der Jägerschaft gefordert!

Die Naturkatastrophen nehmen leider ständig zu. Schuld daran ist zu einem großen Teil die Menschheit selbst, wie zum Beispiel die seinerzeitige

Junger Hirsch beim Forkeln des Bodens

Umwandlung der Forstkulturen von Mischwäldern in die Bepflanzung mit einheitlichen Holzarten (Monokulturen). Waldbesitzer und Forstbeamte wetteiferten seinerzeit geradezu in ihrem Streben nach Monokulturen. Wie sich zwischenzeitlich herausgestellt hat, war die Aufforstung mit Monokulturen eine kurzsichtige und falsche Entscheidung. Der Borkenkäfer bei den Nadelhölzern ist zum Beispiel ein Ergebnis dieser unnatürlichen Eingriffe in die Natur. Auch die in letzter Zeit immer häufiger auftretenden Sturmschäden in unseren Wäldern zählen zu den Resultaten unserer Fehlentscheidungen. Leider belasten wir das Wild in vielen Gebieten noch mit einem verstärkten Jagddruck, der aus den erhöhten Abschusszahlen resultiert. Ich bin nach wie vor der Meinung, dass das Rotwild durch Schaffung verbesserter Äsungsflächen und Ruhe im Revier wieder seinen natürlichen Tagesrhythmus finden kann, vorausgesetzt jedoch, man will dies überhaupt! Das Rotwild hat sich dem Fortschritt und den ständig ändernden Lebensraumbeeinflussungen einigermaßen gut angepasst. Wird es jedoch ständig beunruhigt, wechselt Rotwild aus und kommt nur mehr spärlich zurück. Fehlt die unerlässliche Ruhe, schweigen oft die Hirsche und es kommt zu einer sogenannten „stillen Brunft", oder sie röhren nur vereinzelt in der Nacht, und dies oft nur kurz. Mehrmals schon habe ich erlebt, dass einige Jäger jammern, dass sie in ihren Revieren kaum eine Brunft vernehmen, obwohl zur gleichen Zeit in den Revieren, in denen ich meine Passion ausleben kann, sich die Hirsche den ganzen Tag über heiser schrien. Der Hauptgrund liegt sicherlich darin, dass der Jagddruck zu hoch ist und keine Intervallbejagung betrieben wird. Weiters müsste man zum natürlichen Äsungsangebot zusätzlich ausreichend Äsungsflächen schaffen. In der Fütterungsperiode habe ich bei meinem alten Jagdfreund Max Anfang der Achtzigerjahre im Dezember bei Schnee noch über 300 Stück Rotwild bei der Fütterung (mit Heu, Silage und Rüben) innerhalb von nur einer Stunde zu Gesicht bekommen, und das in freier Wildbahn! Dies war auf den jahrelangen Fleiß von Max, dem Berufsjäger, zurückzuführen. Er hat mit viel Schweiß Gebiete gerodet, mit Erde aufgefüllt und so Wildäsungsflächen für sein geliebtes Rotwild geschaffen. Die Frühjahrs-Bestandszählungen gingen immer zum Vorteil des Wildes aus, indem er

Starkes Brunftrudel

nicht die richtigen Zahlen angab. Welche Brunft sich in diesen Gebieten abgespielt hat, kann man nur unschwer erahnen.
Er brachte so den Anfangsbestand von nur einem Dutzend auf ca. 5.000 ha Revierfläche nach dem Krieg auf einen Bestand von einigen Hundert Stück Rotwild. Für mich war er immer der „Hirschenvater", der sich mit viel Geschick und Gespür um seinen Wildbestand kümmerte. Nach seiner Pensionierung wurden die Abschusszahlen jedoch Jahr für Jahr immer wieder erhöht und sein Lebenswerk in nur kurzer Zeit zunichte gemacht. Mit der Erhöhung der Abschusszahlen, verbunden mit dem Jagddruck, stiegen auch die Schäden. Das Rotwild trat nicht mehr tagsüber aus wie zu den Zeiten von Max, sondern im letzten Büchsenlicht sowie in der Nacht. Der natürliche Rhythmus wurde mit dieser Vorgangsweise in seinem Revier gewaltig gestört. Ich habe in diesem Revier in der Zeit vom Berufsjäger Max noch Brunftrudeln mit mehr als 20 Stück erlebt. Nach der Zeit von Max war ich noch einige Jahre bei seinem Nachfolger zu Gast. Bei meinem letzten Brunfterlebnis waren kaum 5 Stück Kahlwild bei einem Platzhirsch. Da ich die „gute" Zeit davor kannte, wechselte ich das Revier

und bin wieder froh, dass ich Gleichgesinnte gefunden habe, die auf meiner jagdlichen Wellenlänge Zuhause sind.

In den letzten Jahren hat sich auf Grund der starken Eingriffe in die Natur fast flächendeckend das Brunftverhalten in vielen Revieren geändert. Im Forstbereich hört man immer wieder von Schäden und fordert dadurch erhöhte Abschüsse. Wenn ein Sturm oder ein Orkan Wälder mit seiner Wucht hinrichtet, und dies wird in der nächsten Zeit noch öfters und intensiver vorkommen, Tausende von Festmetern in nur wenigen Minuten vernichtet, so ist dies das Tausendfache von dem, was Rotwild bzw. Wild im Allgemeinen je an Schäden anrichten kann. Geknickte und entwurzelte Bäume liegen massenweise kreuz und quer im unwegsamen Gelände und bleiben so oft über Jahre unberührt. Das Aufarbeiten von Sturm- und Orkanschäden bedeutet aber auch viel Unruhe für sämtliche betroffene Wildarten. Danach folgt die Aufforstung und das nächste Problem ist vorprogrammiert. Frische Triebe und Zweige folgen, und wenn sich das Wild daran bedient, wird sofort wieder ein erhöhter Abschuss gefordert. Die Bejagung ist in der frisch aufkommenden Vegetation oft schwierig, da das Wild darin ausreichend gute Deckung findet. In vielen Revieren funktioniert die Intervall-Bejagung recht gut, bei der man alles mit Maß und Ziel betreibt und die Natur, das Wild und den Menschen in Einklang bringt.

Jahr für Jahr wird der Lebensraum des Wildes durch vermehrte Verbauung und den Bau von Autobahnen, Schnellstraßen etc. beeinflusst und verkleinert. Uralte Fernwechsel werden unterbrochen. In einem Gebiet, in dem ich jetzt noch weidwerke, war bis vor fünf Jahren die Welt für das Rotwild noch in Ordnung. Die Hirsche und das Kahlwild hatten ihre Jahrzehnte alten Brunftplätze. Die Hirsche orgelten, schrien und röhrten, und ausreichend Kahlwild war auch vorhanden. Dann wurde eine „wichtige“ Autobahn gebaut, die drei Städte und drei Länder verbindet.

Während der Bauzeit der Autobahn konnte das Rotwild noch von den Auen in die hügeligen Mischwälder ziehen, mit der Eröffnung derselben wurde jedoch der natürliche Fernwechsel durch Wildzäune abrupt unterbrochen. Was geschah? In den getrennten Revierteilen, in den Auen, wo früher die besten Brunftplätze waren, röhrten kaum Hirsche, und wenn doch, hörte

Auf den Ruf eines suchenden Hirsches ist dieser mächtige reife Brunfthirsch im 12. Kopf auf 30 Meter zugestanden.

man sie nur vereinzelt in der Nacht. Es war in der ganzen Brunft kein starker Hirsch zu sehen, nur junge mit wenig Kahlwild. Vom jährlichen Abschuss von 15 guten Hirschen wurden in der Au immer zwei Drittel problemlos erlegt. Reife Hirsche mit über 12 kg Geweihgewicht waren keine Seltenheit. Wie schon gesagt, durch die neue Autobahn wurde in der letzten Brunft nur ein einziger reifer Hirsch in der Au erlegt. Erfreulich war die Bilanz der Hirschbrunft im hügeligen Mischwald. In diesem Bereich waren vor dem Bau der Autobahn weniger Hirsche, und die Brunft war auch nur mäßig. Die letzte Brunft war der Hammer. Das Brunftgeschehen hat sich von der Au in die hügeligen Gebiete verlagert. Die Hirsche zogen über Jahrzehnte von weit her über die Hügel in die Augebiete. Durch den Autobahnzaun waren sie jedoch gezwungen, in den Hügeln zu brunften. Gerade bei solchen bekannten Fernwechseln haben die Planer der Autobahn auf eine oder mehrere Grünbrücken vergessen. Seit Jahren lege ich mein Augenmerk auf sämtliche Veränderungen, die in der Natur und in der Tierwelt von statten gehen. Ich bin dankbar, dass ich bereits vor 30 Jahren die Möglichkeit hatte, in den Oststaaten Hirschbrunften der besonderen, unvergesslichen Art mitzuerleben. Schaut man die Abschussentwicklung in Österreich, Deutschland und Ungarn an, dann weiß man, wohin der Weg führt. In vielen Gebieten, in denen ich noch in den Achtzigerjahren Rotwild beobachten konnte, zieht schon lange kein Stück Rotwild mehr und hinterlässt seine Fährte. Man sollte, so lange es noch möglich ist, die Brunft des Königs der Wälder miterleben. Wenn der Platzhirsch treibt, sein Rudel zusammenhält, Beihirsche abwehrt, mit Eindringlingen kämpft, röhrt, schreit, trenzt und orgelt, so ist das schon ein Schauspiel der besonderen Art. Jeder, der schon einmal eine Hirschbrunft miterlebt hat, wird mir Recht geben, dass es sich dabei um ein fesselndes Naturerlebnis handelt.

Gut veranlagter, zustehender Hirsch im 8. Kopf

Ruforte

Der Rufort kann nur in Gebieten sein, in denen auch Rotwild vorhanden ist. Man sollte die Standorte individuell wählen, abhängig davon, wo der Hirsch meldet. Bedenken sollte man auch, dass der Geruchssinn des Rotwildes hervorragend ausgebildet ist und es auf unglaubliche Entfernungen Menschen wahrnehmen kann. Aus diesem Grund ziehe ich seit über 20 Jahren bei jedem erlegten Brunfthirsch meinen alten Wetterfleck einige Male über den Brunftfleck. Auch durch das große Gesichtsfeld kann Rotwild geringste Bewegungen wahrnehmen.

Es hängt immer davon ab, wo sich der röhrende Hirsch befindet und ob ein Nachgehen in den Bestand Sinn macht.

Auch bei drehendem, kreiselndem Wind war mir mein Brunftwetterfleck oft schon sehr behilflich, da ich gestunken habe wie ein Brunfthirsch. Nur meine Frau war nicht gerade begeistert, denn die Garage, in der der

*Oft nur die kleinste Fehlentscheidung kann einen Erfolg verhindern.
Hier zog der Hirsch den aufmerksamen Tieren nach.
Es hängt immer davon ab, wo sich der röhrende Hirsch befindet
und ob ein Nachgehen in den Bestand Sinn macht.*

Zum Angreifen nahe stand dieser mittelalte Hirsch blitzartig zu.

Wetterfleck aufbewahrt wird, hat gut ein Monat nach der Brunft auch noch scharf gerochen, so als wäre man mitten auf einem Brunftplatz.
Den schärfsten Sinn der Tiere, nämlich den Geruchssinn, konnte ich mit meiner Methode so oft gut überlisten. Dies ist nicht jedermanns Sache, das weiß ich von meinen Jagdfreunden, aber wenn es einem hilft, sollte man es auch nutzen, das ist meine Devise. In der Brunft halten sich die Duftmarken eines Hirsches – Urin und Androsteron – oft über Stunden und der Jäger kann diese, vorausgesetzt sein Geruchssinn ist intakt, wahrnehmen. Bei gutem Wind habe ich oft Hirsche bis auf 80 Meter Entfernung, ohne sie immer zu sehen, gerochen. Gerade bei der Rufjagd muss man gedanklich in den Ablauf eines Brunftgeschehens schlüpfen, um Erfolg zu haben. Durch die besonders beweglichen Lauscher vernimmt das Rotwild auch ausgezeichnet und kann sehr wohl Geräusche zuordnen, ob sie vertraut oder fremd sind. Am liebsten rufe ich im Bestand, gedeckt von einem großen Stein, Wurzelkörper oder dicken Baum.

Natürlich kann man auch von einem Hochstand – wenn er nicht all zu hoch ist – aus rufen, abhängig immer auch von der Geländebeschaffenheit.

Gut gedeckt schreit dieser zustehende Hirsch

Wenn ein Hirsch in solch schwierigem Gelände brunftet, ist es für jeden Rufjäger eine Herausforderung, sich auf Schussentfernung zu nähern.

Einen Hirsch, der im Altholzbestand zusteht, kann man einigermaßen gut ansprechen.

Folgt man einem Brunftrudel, sollte man dem Wind die größte Bedeutung beimessen. Durch den ausgeprägten Geruchssinn verlässt sich das Rotwild in erster Linie auf diesen. Immer wieder habe ich festgestellt, dass Rotwild versucht, gegen den Wind bzw. mit halbem Wind zu ziehen, und oft Umwege in Kauf nimmt beim Wechseln vom Einstand zum Brunftplatz und zurück. Wie bereits erwähnt, sollte man die menschliche Ausdünstung mit dem getränkten Wetterfleck auf dem Rucksack zu überlagern versuchen. Rotwild flüchtet zu über 90 %, wenn es mit Menschenwitterung konfrontiert wird.

Lautäußerungen

Wenn im Wald die Liebe der Könige des Waldes erwacht, zieht es mich als Brunfthirschjäger hinaus ins Holz. Wenn man vom Fieber der rufenden Hirsche einmal infiziert ist und man die vielen Stimmen, die weithin zu hören sind, entsprechend zu imitieren versteht, dann wird auch der Erfolg beim Rufen nicht auf sich warten lassen. In diesem Buch werde ich mein Bestes geben, um Ihnen die verschiedenen Lautäußerungen des Rotwildes näher zu bringen.

Das Rotwild schreckt, wenn Gefahr besteht. Dieser Ton entspricht bzw. ist ähnlich dem eines tiefen Bellens eines Hundes. Kurz abgehackt ist der Laut – …aaaoo…, der kräftig aus dem Äser ausgestoßen wird. In einem großen Rudel schreckt meistens das Leittier oder ein Tier, das eine Beunruhigung wahrgenommen hat bzw. Gefahr wittert. Daraufhin sichert das ganze Rudel. Entweder es zieht ab, oder es hört zu schrecken auf. Erwähnen an dieser Stelle möchte ich auch, dass ich bis dato noch niemals ein ganzes Rudel schrecken hörte. Vor allem ältere Hirsche schrecken kaum, jedoch Tiere sehr wohl, wenn sie ein Geräusch nicht zuordnen können. Tier und Kalb kommunizieren untereinander, indem sie mahnen. Immer wieder habe ich festgestellt, dass ein Tier, wenn es sein Kalb aus den Lichtern verloren hat, mahnt. Auch umgekehrt habe ich dies feststellen können.

In der Brunft hört man verschiedene Laute von Hirsch und Tier, auf die ich näher eingehen möchte. Wichtig ist natürlich, dass man die Gelegenheit hat, den Rothirsch bei seinen verschiedenen Lautäußerungen zu studieren. Hier empfehle ich, um möglichst schnell an viele verschiedene Lautäußerungen heranzukommen, einen Tierpark oder ein Großgehege aufzusuchen, wenn man diese Möglichkeit in der freien Natur nicht hat, denn hier kann man den ganzen Tag diverse Lautäußerungen sehr gut studieren und kann sich diese einprägen. Man erkennt so den Unterschied, ob es sich um einen suchenden oder einen beim Rudel stehenden Hirschen handelt. Weiters, ob er röhrt, schreit, gröhlt, trenzt, knört oder sein Rudel zusammentreibt bzw. einen Rivalen vertreibt. Die verschiedenen Höhennuancen geben

Aufschluss darüber, ob ein Hirsch faul, träge oder zornig ist, oder seinen Gegner fordert. Je nach Alter sind die Rufe von hoch bei jüngeren, bis sehr tief bei alten Hirschen zu vernehmen. Geht jedoch die Brunft dem Ende zu, werden die Stimmen der Hirsche heiser und dadurch melden oft jüngere Hirsche wesentlich älter als sie tatsächlich sind.

Gerade von Mitte bis Ende Brunft hat mich so mancher Hirsch geblendet. Da konferiert man mit der gleichen Stimme oft Stunden, und dann stellt sich beim Anblick heraus, dass der vermeintliche alte Recke ein Hirsch mittleren Alters ist. Derjenige, der in der Brunft den Hirsch mittels Ruf jagt, wird so manche Erfahrung sammeln, z. B. auch, dass nicht jeder Hirsch, der eine tiefe grobe Stimme hat, ein alter ist. Rückschlüsse anhand der Stimme eines Hirsches können irreführend sein, dies sollte man immer bedenken. Die momentane Stimmung eines Hirsches, ob er steht oder sich niedergetan hat, knört, kurz und ruckartig der Sprengruf zu hören ist, einen

Im Wildkörper mächtiger schreiender, zustehender, ungerader 14-Ender im 9. Kopf

zornigen Drohlaut einem jüngeren Hirschen gegenüber verwendet, den Kampfschrei in höchster Erregung einsetzt, kann man erlernen, indem man viele Stimmen hört und den Hirsch auch bei seinen Abhandlungen dabei sieht. Dass man von Anfang an nicht alle Rufe beherrschen kann, liegt auf der Hand. Man sollte sich in erster Linie das Röhren eines suchenden Hirsches aneignen.

Gerade bei diesem Ruf hat man die Möglichkeit, sich die Höhenlage – altersabhängig vom Hirsch – am leichtesten anzueignen. Es handelt sich um einen gleichmäßigen Ton a…uuh…a – kleine Pause von ca. 2–3 Sekunden – und ein ööh, das höher in der Stimmlage ist. Bei älteren Hirschen wirkt dieser schwerfälliger, monotoner und in der Stimmlage gröber und tiefer. Der Ton eines suchenden Hirsches soll immer sehnsüchtig sein. Gerade bei den jüngeren Hirschen verspürt man in der Stimme die Sehnsucht am meisten.

Ein Brunftruf hat viele Bedeutungen, so dient er zur Verständigung und signalisiert dem Rivalen, wo sich sein Kontrahent aufhält. Durch das Rufen lockt der rufende Hirsch, der womöglich beim Brunftrudel steht, auch andere – vor allem suchende Hirsche – an. Mit dieser Methode kann auch der etwas ungeübtere Jäger seine Erfolge haben. Treibt der Hirsch ein Tier zum Rudel zurück, hört man einen kurzen, stoßartigen (..Öö..Öö..Öö..) Sprengruf. Steht der Hirsch beim Brunftrudel, hört man behagliche (Ö..ö.. uuh..a..uuh..a) Rufe, aber auch gereizte (Ö.ö.Ö.ö.Ö..uuha) Lautäußerungen. Wenn um einen Brunfthirschen, der beim Rudel steht, alles im Lot ist, er keinen Rivalen in der Nähe hat, kein anderer im Umfeld röhrt, hört man ausgesprochen behagliche Klänge. In solchen Situationen, wenn ich den Hirsch beobachten konnte und ich mich mit einem Röhren als zustehender Hirsch – Kontrahent – bemerkbar machte, änderte dieser seine behaglichen Rufe in gereizte Äußerungen. Darum ist es wichtig, die verschiedenen Lautäußerungen richtig zu deuten und zu verstehen.

Schreit aus vollem Halse

Brunftrudel

Der Hirsch stellt sich ab Ende August je nach Gebiet und Höhenlage zum Brunftrudel. Es wurde festgestellt, dass das Rotwild in der Brunft matriarchalisch (Mutterherrschaft) orientiert ist und nicht patriarchalisch, wie früher einmal angenommen. Das Kahlwild hat sein Leittier, dem es folgt. In der Brunft folgt der Hirsch dem Rudel vom Einstand zu den Äsungsflächen, die meistens zum Brunftplatz werden, und wieder zurück in den Einstand. Die Hirschrudel lösen sich im Jahreszyklus vor der Brunft auf.

Alte Hirsche stellen sich zu den Familienverbänden, jüngere gesellen sich als Beihirsche dazu. Spießer bleiben meistens zusammen in unmittelbarer Nähe zum Brunftgeschehen. Nach der Brunft schließen sich die Hirsche wieder in Hirschrudeln zusammen. In der Brunft ist der Platzhirsch bestrebt, das Rudel zusammenzuhalten. Wenn sich ein Tier einmal weiter vom Rudel

Der Platzhirsch ist ständig damit beschäftigt, sein Rudel zusammenzuhalten, wie dieser einseitige Wolfssprossenhirsch.

entfernt, versucht er es zum Rudel zurückzuholen, was ihm meistens auch gelingt. Dabei verwendet er den Sprengruf. Dieser Ruf ist abgehackt, kurz und ruckartig. Ist das Tier zurück beim Rudel, röhrt der Hirsch normal weiter. Das Zusammentreiben gestaltet sich aggressiv und darf nicht mit dem „sexuellen" Treiben verwechselt werden. In der Zeit der Hirschbrunft ist der Hirsch nicht so wachsam wie sonst, er verlässt sich dabei auf seine Tiere. Das Interesse eines Hirsches an den Tieren im Rudel während der Brunft ist rein sexuell.

Besteht Gefahr und schreckt ein Tier, so übernimmt das Leittier sofort die Führung. Das restliche Kahlwild folgt ziehend oder flüchtig, und auch der Hirsch schließt sich dem Rudel an. Es kommt vor, dass sich der Hirsch kurzfristig und still vom Rudel absondert. So auch, wenn er sich suhlt. Ebenso habe ich beobachtet, dass sich vor allem ein alter Hirsch mit einem brunftigen Tier absondert, es beschlägt und das Rudel in der Zwischenzeit alleine in den Einstand zurückziehen lässt.

Aufmerksames Tier

Rufmethoden

Die verschiedensten Lautäußerungen beim Rufen möchte ich Ihnen im Folgenden vor Augen führen.

Suchender Hirsch

Junger, suchender Hirsch (3–5 Jahre)

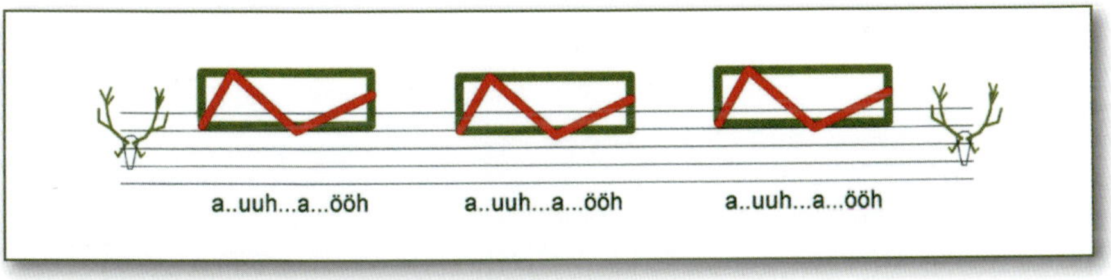

Hoher sehnsüchtiger Ton, hat sich jedoch ein junger Hirsch einige Tage eingeschrien, verändern sich seine Ruftöne, sie werden deutlich tiefer.

So manche Überraschung bot mir ein junger Hirsch gegen Ende der Brunft, der eine sehr beachtliche Stimme hatte. Wenn sich die Stimme beim Schreien zum Schluss hin hebt, kann man von einem jungen Hirsch ausgehen. Ausnahmen gibt es natürlich auch hier.

Mittelalter, suchender Hirsch (6–9 Jahre)

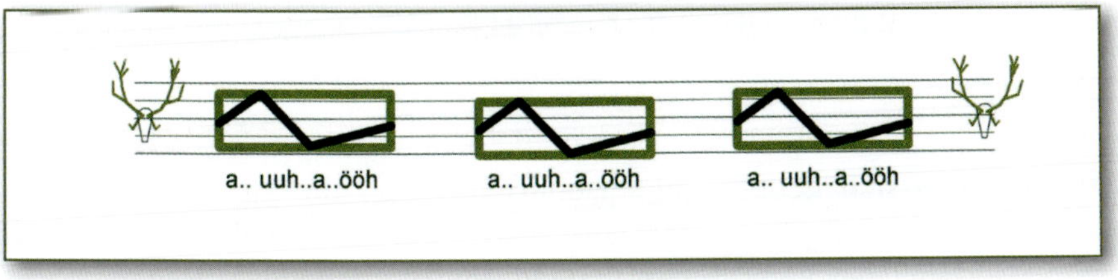

Mittlere Stimmlage und sehnsüchtig untermalt.

Alter, suchender Hirsch (über 10 Jahre)

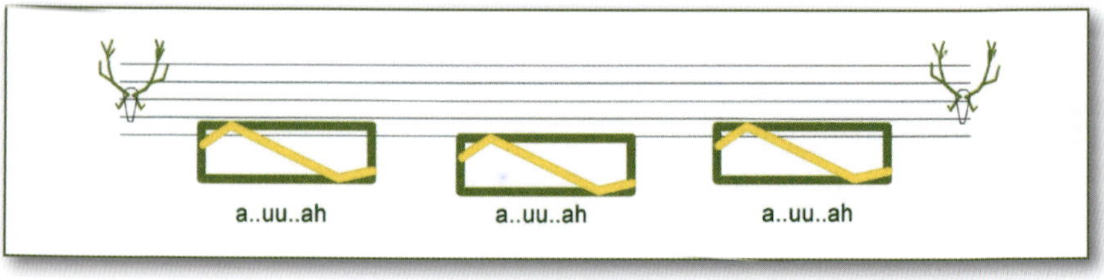

Der Ruf eines alten, suchenden Hirsches ist schwermütig. Suchende Hirsche schreien nicht aus vollem Halse, sondern im Suchen und ziehen gleichmäßig dahin.

Suchender, alter Hirsch

Bei den jüngeren Hirschen spürt man so richtig die Sehnsucht, die sie im Ruf von sich geben. Leidenschaft begleitet diesen melancholisch schwingenden Ton. Bei älteren Hirschen ist diese Melancholie auch noch zu verspüren, aber nicht in dieser Intensität. Bei ganz alten Recken wirkt der Ton schon schwermütig und monoton. Das Tragen des Hauptes beim

Röhren ist bei jüngeren Hirschen höher als bei alten bzw. sehr alten Hirschen. Einem suchenden Hirsch imitiere ich einen Hirsch, der beim Rudel steht und dieses zwischendurch zusammentreibt. Wenn noch kein Hirsch meldet, beginne ich mit dem Ruf eines mittelalten, – mittlere Stimmlage – sehnsüchtig suchenden Hirsches. Meistens meldet sich der Platzhirsch zurück, vorausgesetzt, er ist nicht zu weit entfernt. Mit dieser Methode kam auch der eine oder andere suchende Hirsch mittleren Alters röhrend vorbei. Auch junge Hirsche schlichen sich so oft lautlos in meine Nähe.

Mittlerer und alter Hirsch beim Rudel stehend

Platzhirsch mittelalt (6–9 Jahre)

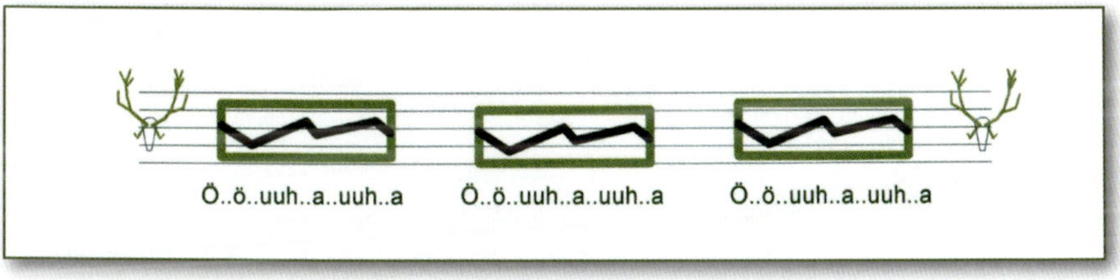

Tiefere Stimme

Platzhirsch alt (über 10 Jahre)

Tiefe, raue Stimme

Das „ö“ dient zur Einstimmung, die restlichen Töne ziehen sich in die Länge, steigen an und sinken wieder ab. Es gibt kürzere und längere Lautäußerungsphasen. Gegen Ende der Brunft können auch mittlere Hirsche eine relativ alte Stimme hervorbringen. Einen beim Rudel in der Dickung stehenden Hirsch wegzulocken, ist nicht immer leicht, aber wenn man ihn dementsprechend reizt, kommt er. Man sollte jedoch bedenken, dass man nahe genug beim Hirsch sein muss, da sich dieser nur einige Fluchten vom Rudel entfernt, um einen Rivalen zu vertreiben, der ihm zu nahe kommt.

Der Schwächere zieht ab.

Einen beim Rudel stehenden röhrenden Hirsch anzugehen, ist die spannendste Jagdart in der Brunft, die man sich nur vorstellen kann. Adrenalin pur (!!!), das können Sie mir glauben. Immer wieder kommt es bei mir vor, dass sich sogar heute noch (nachdem ich schon einige hundert Hirsche röhren hörte) meine Haare aufstellen, wenn ein Hirsch vor mir steht, der aus vollem Halse schreit, das Haupt zurückgelegt hat und dabei noch ein Hauch wolkenartig aus seinem Äser quillt. Wer solche Situationen miterleben darf, wird Jahr für Jahr sehnsüchtig auf die Brunft zusteuern.

Beim Angehen im Bestand muss man das Rotwild in seiner Art und Weise gut kennen, um Erfolg zu haben. Der Wind spielt dabei eine wichtige Rolle und ist besonders zu berücksichtigen. Gegenwind oder halben Wind sollte man auf alle Fälle haben, um einem Hirsch in den Bestand zu folgen. Sehr oft bin ich schon einen Hirsch, bei guten Voraussetzungen, einige hundert Meter angegangen. Verursache ich beim Durchstreifen von Sträuchern Lärm, so lege ich diese Passagen röhrend zurück.
Es ist dann von Vorteil, wenn man einen suchenden, sehnsüchtigen Hirsch

Hier hat kurz zuvor ein Brunfthirsch sein Unwesen getrieben.

nachahmt, der auf das Brunfttrudel zuzieht. Merke ich, dass der beim Rudel stehende Hirsch seine Stimmlage ändert und gereizter wird, muss ich auch meine Stimmlage ändern, vorausgesetzt, ich bin schon nahe genug. Ideal wäre eine Entfernung von ca. 50 Metern, je nach Beschaffenheit des Geländes. Ist der Brunfthirsch soweit, dass er mir in höchst gereiztem Ton antwortet, antworte ich ihm sofort mit dem Sprengruf. Warum Sprengruf? Damit signalisiere ich ihm, dass ich ein Tier treibe oder einen anderen zustehenden Hirsch in die Flucht sprenge. Anschließend schlage ich mit meinem Bergstock noch in Sträucher bzw. Äste. Kommt er dann in voller Fahrt (Flucht) durch eine Dickung, um seinen Rivalen zu vertreiben, begleitet ihn ein lautes Brechen der Äste und Zweige, wodurch eine unheimliche Stimmung aufgebaut wird.

Schon so mancher Gast saß in solchen Situationen mit erhöhtem Herzschlag neben mir oder packte mich sogar verkrampft am Ärmel und hielt sich fest. Wenn man sich dann auch noch ganz ruhig verhält und nicht bemerkt wird, röhrt der Hirsch oft wütend weiter, bearbeitet den Boden und die Sträucher, zieht aber schlussendlich wieder zum Rudel zurück. Vor gut 20 Jahren, in meiner Anfangszeit als Rufjäger, es ist für mich aber dennoch so, als wäre es gestern gewesen, war ich um die Mittagszeit mit meinem Freund Kurt, einem Jungjäger, dem ich als Lehrprinz zur Seite stand, in einem slowenischen Revier unterwegs, um die Wildschweine zu füttern. An diesem Tag regnete es leicht. Plötzlich hörte ich im Buchenbestand eine sehr kräftige, tiefe Stimme röhren. Immer wieder vernahm ich, wie dieser Hirsch sein Rudel zusammentrieb. Kurz entschlossen, pirschten wir lautlos über die nassen Blätter am Boden auf den röhrenden Hirsch zu.

Zwei Kronenhirsche duellieren sich. Ein Ausschnitt (6 m² Gesamtgröße) aus einem Gemälde Prof. Murays, das seit 1987 im Jagdhaus Marki hängt.

Die Stimme wurde immer lauter und kräftiger, er war jedoch im Alt-Buchenbestand mit minimalem Unterwuchs nicht auszumachen. Hinter einem großen Stein mit einem Durchmesser von eineinhalb Metern nahmen wir Deckung. Meinem Freund wollte ich zeigen, wie sein Lehrprinz röhren kann. Damals verstand ich noch nicht jede Rufdeutung eines Hirsches so gut wie heute. Aggressiv fing ich gleich zu Beginn zu röhren an und steigerte mich noch dabei. Ungewollt schrie ich aus vollem Halse mit der Tritonmuschel. Plötzlich schrie ein Hirsch gereizt von unten in unsere Richtung und ein zweiter spitz von vorne ebenso in unsere Richtung. Es war ein Gänsehaut erzeugendes Naturschaupiel, das sich uns darbot. Meinem Jungjäger war es nicht gerade Wohl bei diesem Treiben. Der Wind war ausgesprochen gut, und so bekam ich immer wieder eine Brise des süßlichen Brunftgeruches in meine Nase.

Alsbald zeigten sich die beiden Hirsche vor uns. Ein imposantes Ritual, der Imponiermarsch, wurde uns geboten. Die Hirsche präsentierten uns dabei ihre volle Breitseite. Keiner der beiden gab nach, plötzlich prallten sie aufeinander, die Geweihe verhakten sich, der bergwärts stehende, ungerade

Zwei Kontrahenten

Erster „Brunfthirsch" von Kurt (12. Kopf)

Kronenzwölfer schob mit mächtiger Wucht den ungeraden Vierzehnender nach unten über Stock und Stein, bis wir beide aus den Augen verloren hatten. Immer wieder hörten wir das Aufeinandertreffen der Geweihe sowie das Brechen von Ästen. Zu Kurt, der mittlerweile sprachlos war, sagte ich, dass der Kronenzwölfer zum Abschuss frei wäre, wenn er wieder zum Brunftrudel zurückkehrt und den Kampf gewonnen hat. Es kommt oft vor, dass jüngere Raufbolde durch ihre mehrfachen Kampferfahrungen einen alten Hirsch besiegen. Diesmal war es aber nicht so, nach dem Verstummen des Kampfes röhrte der Zwölfender keine 40 Schritte vor uns breitseitig im alten Buchenbestand den Berg hoch. Ich hatte Kurt den Hirsch freigegeben, er kam jedoch nicht rechtzeitig zum Schuss und der Hirsch machte eine 90 Grad-Wendung von uns weg Richtung Brunftrudel.

Ich nahm meine Tritonmuschel zur Hand und schrie dem Hirsch hinterher. Er drehte sich blitzschnell und trollte mit dem Sprengruf auf uns zu. Kurt hatte schon das Gewehr im Anschlag und ich forderte ihn immer wieder auf zu schießen. Der Hirsch war keine zehn Schritte mehr von uns entfernt. Ich machte mich schon bereit, um seitlich wegzuspringen, als die Kugel endlich den Lauf der Repetierbüchse meines Jungjägers verließ. Der Hirsch brach keine 3 Meter vor uns zusammen. Deutlich war noch der Aufschlag des Geweihes auf einen Stein zu hören. Kurt war weiß im Gesicht, aber auch mir war nicht mehr ganz wohl bei dieser Aktion. Bei genauer Betrachtung des Hirsches hinsichtlich des Ein- und Ausschusses hatten wir beide Glück, denn die Kugel hatte die Wirbelsäule im Trägerbereich durchschlagen und dadurch wurde der Hirsch blitzartig gestoppt.

Eine Schussabgabe auf einen zustehenden Hirsch auf kurze Entfernung ist besonders schwierig, da er meistens spitz und sehr schnell von vorne kommt.

Sprengruf

Dieser Ruf ist abgehackt, kurz und ruckartig. Man hört ihn, wenn der Hirsch ein Tier treibt oder ein Tier sich vom Rudel entfernen möchte und zurückgeholt wird. Wenn ein Hirsch beim Brunftrudel steht, kann man mit dem Sprengruf sehr gute Erfolge verzeichnen.

Zusammentreiben des Brunftrudels (Hirsch mittleren Alters)

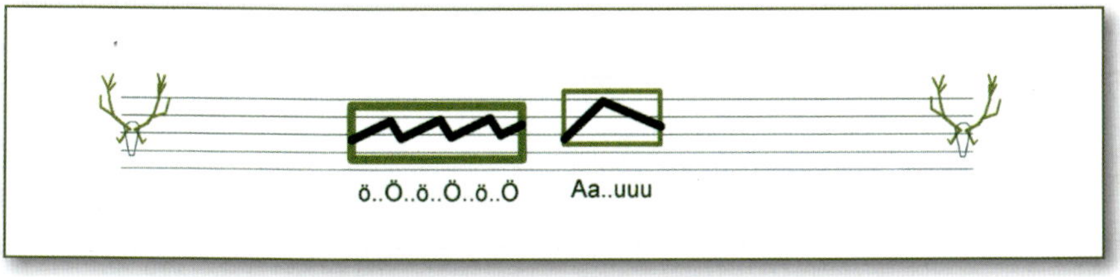

Zusammentreiben des Brunftrudels (alter Hirsch)

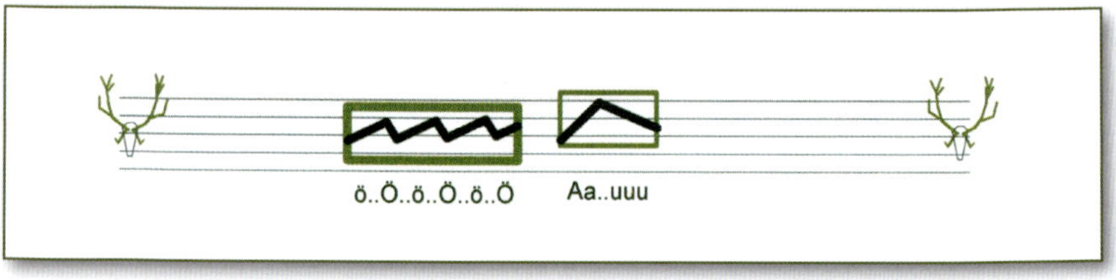

Wichtig dabei ist, dass man beim Sprengruf auch einige Äste mit dem Fuß bricht. In der Natur, wenn ein Hirsch sein Tier zurückholt, geschieht das auch nicht lautlos. Auch wenn ein Hirsch seinen Rivalen in die Flucht schlägt, sind Geräusche zu hören. Bedenken sollten Sie, dass es kein lautloses Treiben im Wald gibt, wo Äste, Laub und Zweige am Boden liegen. Anders ist die Situation auf einer Brunftwiese.

Gereizter Hirsch

Der Ruf eines gereizten Hirsches ist in der Stimmlage höher und setzt sich aus einem Ruf, ähnlich dem Sprengruf, und einem abschließenden lauten kräftigen „uuha" zusammen. Gerade wenn ein Hirsch einen Rivalen in die Flucht geschlagen hat, schreit er noch einen tiefen aggressiven „uuha" – Laut hinterher.

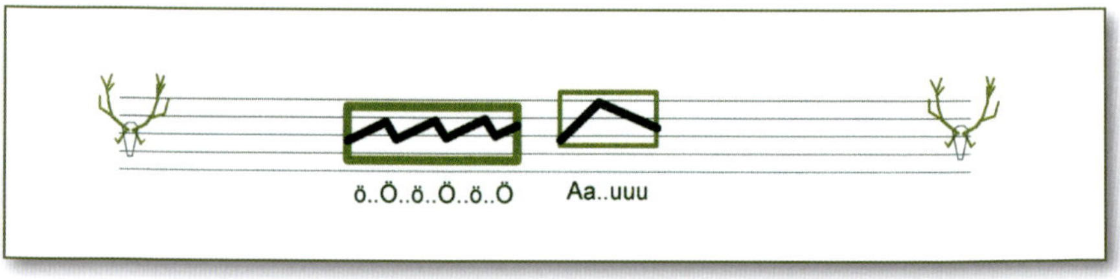

Es ist wichtig, dass man die Laute des Hirsches zu deuten vermag, um ihm die richtige Antwort geben zu können.

Dieser Hirsch war am Höhepunkt seiner Entwicklung angelangt. Er wurde in der Brunft von mir an einem Morgen so lange gereizt, bis er zustand und ihn ein Gast erlegen konnte.

Man muss erkennen, in welcher Stimmung er gerade ist und welchen Ruf man selber einsetzen soll. Bin ich unschlüssig, bevorzuge ich den Sprengruf und signalisiere dem Hirsch, dass ich gerade in seiner Nähe ein Tier treibe. Diese Vorgangsweise kann man aber nur anwenden, wenn man nicht zu weit vom gereizten Hirsch entfernt ist. Es kommt auch vor, dass ein suchender Hirsch zwischendurch eine gereizte Stimme von sich gibt. Im Laufe der Jahre habe ich festgestellt, dass jeder Hirsch seine eigene Stimme hat, aber wenn man sich damit auseinandersetzt, sehr wohl eine Zuordnung der Stimmen vornehmen kann.

Kampfruf

Dieser Ruf setzt sich aus der Stimmlage eines Sprengrufes in Verbindung mit dem Ruf eines gereizten Hirsches zusammen. Mit vorgestrecktem Träger, das Haupt nach oben gerichtet, das Geweih in der Nähe des Rückens, so

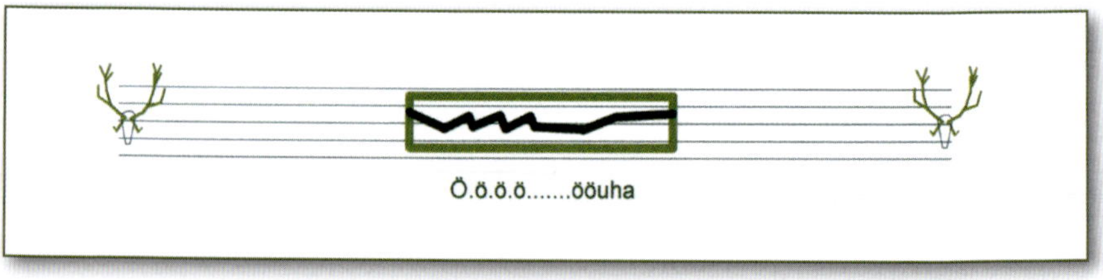

schreit der Hirsch aus vollem Halse. Kommt es nach dem Drohen und Imponieren zum Kampf zwischen dem Platzhirsch und dem zuwechselnden Hirsch, fliegen die Fetzen im Kräftemessen. Das Dominanzverhältnis wird durch Alter, Gewicht, Geweih und Körpergröße sowie die Kampferfahrung deutlich beeinflusst. Scharren mit den Vorderläufen, Schlagen mit dem Geweih auf Sträuchern und kleinen Bäumen sowie das Bodenforkeln (Geweihwühlen) zählen zu den Imponier- und Drohgebärden eines Hirsches. Beim Imponiermarsch schreiten beide Kontrahenten steifbeinig parallel zueinander oft eine längere Strecke ab. Es kann vorkommen, dass dieser Vorgang mehrere Male wiederholt wird. Was die Kondition betrifft, so verrät der Wildkörper, von der Seite betrachtet, ob er noch feist ist oder bereits abgebrunftet. Wenn sich die Kontrahenten zu nahe kommen, prallen sie mit den Geweihen blitzschnell frontal aufeinander. Dieses Aufeinanderprallen der Geweihe hört man einige Hundert Meter weit.

Es kommt immer wieder vor, dass der eine oder andere Hirsch durch Verdrehen der Geweihe im verbundenen Zustand Enden bzw. Endenspitzen abdreht. Der im Kampf Schwächere versucht sich vom Gegner zu lösen und springt ab. Der Sieger verfolgt ihn noch einige Meter und stößt dabei kräftig und laut einen Sprengruf aus.

Niedergetaner (gebetteter) Hirsch

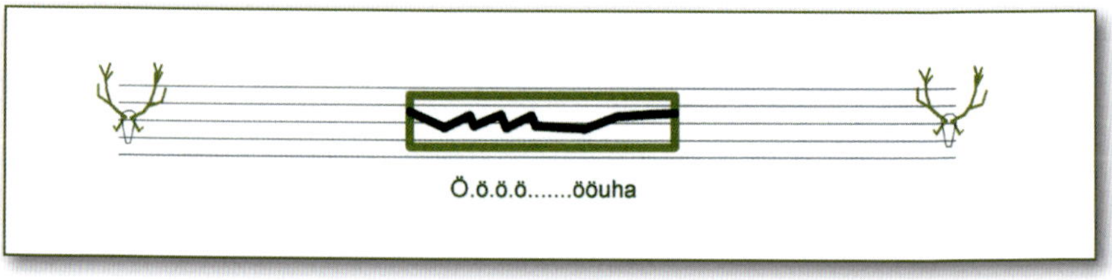

Auch beim Sitzen schreit der Hirsch häufig. Dieser Ton ist in der Regel tiefer und weniger laut.

Konkurrenten treffen aufeinander.

Oft brummen sie nur so vor sich hin.
Auch in der Suhle liegende Hirsche melden.

Lockruf eines Tieres

Dieser Ruf dient zur Kommunikation zwischen Muttertier und Kalb oder der Tiere untereinander. Steht ein suchender Hirsch bereits in der Nähe im Einstand, kann man diesen Ton erfolgreich einsetzen. Man hält dabei mit dem Daumen und Zeigefinger die Nase zu und versucht, ein halblautes „ÄÄng“ von sich zu geben. Sie werden feststellen, dass dieser Laut am leichtesten zu erlernen ist.

Tiere und Kälber sichern.

Rufzeiten

Die Zeit, wann man rufen soll, ist abhängig vom aktuellen Brunftgeschehen und dessen Verlauf. In den Morgenstunden, vom Dämmern bis 9 Uhr, und am Nachmittag ab 16 Uhr liegen nach meinen Erfahrungen die besten Rufzeiten. Natürlich röhrt der Hirsch im Einstand, wenn alle Voraussetzungen – Ruhe im Revier – stimmen, auch tagsüber. Einige Hirsche habe ich auch bereits in der Mittagszeit zum Zustehen bewegt. Über 300 Hirsche habe ich mit den verschiedenen Methoden mobilisieren können. Die meisten Hirsche, nämlich über 50 Prozent, in der Früh, 40 Prozent am Abend und den Rest tagsüber. In den letzten Jahren habe ich – wie beim Rehwild – auch beim Rotwild eine längere Brunftzeitperiode vernommen als noch vor 20 Jahren. In den ungarischen Revieren meldeten die ersten Hirsche Ende August und Anfang September und hörten teilweise erst gegen Mitte Oktober auf. Früher begann die Brunft jedoch um den 1. September und endete um den 25. September, je nach Gebiet. Auch in der letzten Brunft habe ich festgestellt, dass einige Hirsche in der Tiefebene um den 10. Oktober noch ein deutliches Lebenszeichen beim Röhren von sich gaben. Mehrmals habe ich das Brunftgeschehen, wenn kein Hirsch am Abend geröhrt hat, mit meinen Rufen eingeleitet. Anschließend antwortete mir da und dort ein Hirsch oder auch mehrere. Natürlich müssen Hirsche vorhanden sein, denn sonst hilft der beste Rufvorgang nichts.

Die Reichweite eines Rufes ist je nach Geländebeschaffenheit unterschiedlich. Den Hirsch kann man bei guten Bedingungen – Wind bzw. Gelände – noch über 1 Kilometer hören. Grundsätzlich ist festzuhalten, dass man dem röhrenden Hirsch immer in seiner Stimmlage antworten sollte. Es sollte eine Pattstellung (Gleichstellung) beim Antworten herrschen. Es kommt aber auch immer auf die Situation an und wie man die Stimme seines Gegenübers – sprich Hirsch – einschätzt und wiedergibt. Man unterscheidet auch zwischen Brunftbeginn, Hauptbrunft und Nachbrunft. Der Brunftanfang hat oft die eine oder andere Überraschung bereit. Hirsche ziehen suchend zu ihren altbewährten Brunftplätzen und können mittels Ruf gut zum Zustehen bewegt werden.

In der Hauptbrunft ist es oft schwierig, einen Platzhirsch vom Rudel wegzulocken, da dieser mit seinen Tieren und Beihirschen ständig beschäftigt und gefordert ist. Mehrmals bin ich bei gutem Wind röhrend einem beim Rudel stehenden und antwortenden Hirsch entgegengepirscht, bis ich ihn vor der Büchse hatte. Diese Methode ist sicherlich die atemberaubendste und spannendste Jagdart, die man sich nur vorstellen kann. Gerade in der Hauptbrunft sind junge und mittelalte Hirsche unterwegs und stehen einem bereitwillig zu. Immer wieder ist es vorgekommen, dass ich einem röhrenden Hirsch geantwortet habe, und plötzlich stand ein junger Hirsch neben mir, der sich lautlos genähert hatte.

Kapitaler Brunfthirsch im 12. Kopf mit beidseitigen starken Wolfssprossen, den Verena erlegte. Er lag mit dem Kaliber 30R Blaser im Feuer. Der Hirsch war über Jahre bekannt, und Abwürfe waren vorhanden. Auch Hermann, Verenas Ehemann, freute sich mit ihr über den Jagderfolg.

Zurück zu den Rufzeiten. Morgens, noch bei Dunkelheit, schaue ich, dass ich in die Nähe des Brunftplatzes bzw. zu jenem Platz gelange, an dem ich am Abend zuvor den Hirsch röhren hörte, und dies unter ständiger Berücksichtigung des Windes. Der Wind kann einem, vor allem, wenn er nicht konstant ist und kesselt, so manche Chance zunichte machen.

Hat man also den gewünschten Platz erreicht, so verweilt man dort, bis der Tag anbricht bzw. einigermaßen gutes Licht herrscht, damit man einen gerufenen Hirsch sicher ansprechen kann. In der Nachbrunft sind Hirsche, die nicht abgebrunftet sind, oft sehr gut zum Zustehen zu bewegen. Zwischen dem Rufen schlage ich auch öfters mit dem Bergstecken in Sträucher und Büsche, um ein naturgetreues Brunftschauspiel nachzustellen. Zwei kleinere Abwurfstangen nehme ich auch zwischendurch mit und stelle so einen Kampf zwischen zwei Kontrahenten nach. Wenn es nicht all zu kalt ist und der Mond noch mitspielt, verbringe ich sehr oft die ganze Nacht auf einem Hochstand und höre mir das Röhren, Schreien und Kämpfen der Hirsche an. Wer die Gelegenheit hat, sollte dies einmal ausprobieren. Man kann richtig süchtig werden nach den verschiedenen Stimmen aus den Hälsen der Könige unserer Wälder.

Besser kann die Morgenstimmung nicht mehr sein, als sie hier geboten wird. Dieser Hirsch schreit aus vollem Halse Richtung Brunftplatz.

Nur einige Instrumente aus meiner reichhaltigen Sammlung

Verschiedene Rufinstrumente

Eine Vielzahl von Rufinstrumenten wird in verschiedenen Ausführungen im Handel angeboten. Ich werde Ihnen alle zur Zeit im Handel erhältlichen Instrumente vorstellen und ihre Handhabung beschreiben. Auch selbstgefertigte Instrumente werde ich Ihnen nicht vorenthalten. Manch einer schwört auch auf sein selbstgebautes Instrument.

Wie schon gesagt, ob selbst gebaut oder aus dem Handel, man muss das Instrument beherrschen und die Erfolgsquote muss dabei stimmen. Wichtig ist, dass genug Volumen im Instrument vorhanden ist und, wenn geht, noch ein Spielraum für den Ruf aus vollem Halse möglich ist, ohne dass sich dabei die Töne überschlagen. Ich persönlich habe über Jahre alle Instrumente, die am Markt erhältlich sind, gekauft und ausprobiert. Dabei habe ich festgestellt, dass ich mit dem einen oder anderen einfach besser umgehen kann. Einige habe ich sogar noch für meinen persönlichen Gebrauch, besonders im Bereich des Einblasstutzens, so abgeändert, dass sie für mich optimal passen.

Tritonmuschel

In Fachzeitschriften gab es bereits Anfang des 20. Jahrhunderts Inserate für Rufinstrumente auf den edlen Hirsch. Tritonmuschel-Hirschrufe, wie sie damals bezeichnet wurden, mit natürlichem Ton und in verschiedenen Größen wurden angeboten. Mit großer Begeisterung sammle ich auch alte Fachzeitschriften, in denen Lock- und Rufinstrumente vorkommen.

Für eine sehr gute Resonanz benötigt man dünnwandige, kleine, mittlere oder große Muscheln. Ich habe festgestellt, dass man bei richtiger Bearbeitung der Muschel eine ganz ausgezeichnete Rufqualität erreichen kann. Meine erste Muschel war eine mittlere leichte und dünnwandige, mit einer sehr guten Schwingung. Die Muschel hat von Haus aus eine geschlossene Spitze.

Kleine Tritonmuschel

Diese muss gekürzt werden, bis man eine Öffnung mit einem Durchmesser von ca. vier Zentimetern erhält. Dabei trennt man mit einer Diamantscheibe die Spitze vorsichtig ab und verschleift den Einblasbereich.
Weiters müssen im Einblasbereich ein bis zwei Schneckenwindungen im Inneren so entfernt werden, bis der Klang stimmt. Für diese Arbeit empfehle ich eine biegsame Welle mit einem Fräs- und Schleifkopf. Sehr vorsichtig sollte man die Schneckenwindungen herausarbeiten. Es sollte genau so viel weggenommen werden, dass die Muschel den vollen Ton aufnehmen kann. Auch das Schreien aus vollem Halse muss gewährleistet sein. Mit schweren, dickwandigen Muscheln kann man keine brauchbaren Ergebnisse erzielen.

Große Tritonmuschel mit Einblasstutzen

Eifelruf

Schon vor dem Zweiten Weltkrieg war der Eifelruf sehr weit verbreitet. Nach 1960 war er jedoch im Handel nicht mehr erhältlich. Just zu diesem

Zeitpunkt wollte Herr Klaus Weisskirchen, der im Jahr 1958 noch einen von seinem Jagdherrn geschenkt bekommen hatte, einen kaufen, da ihm seiner abhanden gekommen war. 43 Jahre später fragte der Pirsch-Redakteur und Ostpreußenexperte, Hartmut Syskowski, ob der nunmehrige Instrumentenbauer Weisskirchen eine Möglichkeit sehe, diesen legendären Hirschruf, das Lieblingsinstrument von Oberforstmeister Walter Frevert, (eine bemerkenswerte Persönlichkeit des deutschen Weidwerks, der im weltberühmten Rotwildforstamt Rominten mit jagdlichem Sachverstand weidwerkte, DJV-Literaturpreis für das Buch „Rominten"), wieder auf den Markt zu bringen. Weisskirchen konnte sich noch an den Aufkleber – „Rodenit" –, der damals diesen Ruf zierte, erinnern. Außerdem war ihm noch im Gedächtnis, dass die seinerzeitige Produktionsfirma in der Nähe von Köln ansässig war.

Mit dem Eifelruf ist man durch Verschieben des Vorderteiles in der Tonlage und -höhe flexibel.

So fuhr Weisskirchen von seinem Heimatort Nürnberg nach Köln und machte sich auf die Suche nach der Firma Rodenit. Er fand die Nachkommen dieser Firma, aber keiner wusste mehr von der Herstellung eines Eifelrufes. Enttäuscht suchte er ein nahe gelegenes Wirtshaus auf, um sich zu stärken, und setzte sich an den Stammtisch, an dem auch noch drei weitere ältere Männer Platz genommen hatten. Im Zuge des Gespräches kam man auch auf den Grund seines Besuches in Köln zu sprechen. Auf einmal lächelte einer der drei Männer, der sich bereits im 88. Lebensjahr befand, und sagte: „Da kann ich Ihnen helfen, ich habe seinerzeit bei der Firma, die Sie suchen, gearbeitet." Der ehemalige Mitarbeiter der Firma Rodenit kannte sogar noch die Materialzusammensetzung: Presspappe, mit Kunstharz gemischt. Erfreut über diese Auskunft machte sich Herr Weisskirchen an die Arbeit und versuchte einen Hersteller für die benötigten Materialien zu finden, was sich als recht mühsam erwies. Es dauerte ein Jahr, bis sich der richtige Hersteller fand. In vielen Bereichen in der Industrie, in denen dieses Material früher zum Einsatz gekommen war, war es im Laufe der Jahre durch Kunststoff ersetzt worden.

Für den Eifelruf mussten vier verschiedene Rohrdurchmesser angefertigt werden, zwei für die Hauptrohre, einer für die Halteringe und einer für das Mundstück. Diese Sonderanfertigungen machten die Herstellung sehr teuer. Bei der Verarbeitung fiel sehr viel Staub an, und man musste erst einen Drechsler mit einer speziellen Absaugevorrichtung finden, was aber schließlich im Erzgebirge gelang. Nach der Fertigstellung wird der Eifelruf mit einem lebensmittelechten Lack überzogen, damit das Instrument vor Nässe geschützt ist. Einen natürlichen Klang erreicht man mit dem zweistufigen Rufinstrument, was ausgepickte Hirschjäger zu schätzen wissen. Im zusammengeschobenen Zustand hat der Eifelruf eine Länge von 24 cm und im Rufbetrieb eine Länge von 41 cm. Begeistert bin ich

Mit dem Eifelruf erfolgreich auf diesen Eisspross-Kronenvierzehnender im 11. Kopf.

vom Einblasdurchmesser von 4,4 cm. Man bringt jede Menge Luftvolumen in dieses Instrument und erhält dadurch alle nur erdenklichen Laute und Stimmen einer naturgetreuen Hirschbrunft. Der Luftaustrittsbereich hat einen Durchmesser von 5,3 cm und aufgrund seiner Materialbeschaffenheit eine sehr gute Resonanz. Die unterschiedlichen Stimmen und Lautäußerungen der Brunfthirsche kann man mit etwas Übung sehr gut nachmachen. Sie röhren mit einer aus dem Brustkorb erzeugten Stimme in den ausgezogenen Eifel-Hirschruf hinein. Während Sie hinein röhren, schieben Sie den vorderen Teil des Rufes langsam Richtung Mund, so wird der Ton höher und bei umgekehrter Anwendung tiefer.

Ideal für alle Altersklassen, ob man nun einen suchenden jungen, mittleren oder alten Hirschen, einen beim Rudel stehenden Hirschen, den Sprengruf oder den Kampfruf imitiert, der Erfolg ist vorprogrammiert!

Ochsenhorn

Der bekannte Rufjäger Graf Georg zu Münster bevorzugte das Naturhorn, sprich Ochsenhorn. Wie bei der Tritonmuschel muss auch das Ochsenhorn im Einblasbereich bearbeitet werden. Je dünnwandiger das Horn ist, desto besser die Ergebnisse. Wichtig ist natürlich auch der Einblasbereich, der nicht zu klein im Durchmesser sein soll. Ich habe meine Ochsenhörner im Einblasbereich alle auf ca. 4 cm im Durchmesser bearbeitet. Auch der Einblasbereich sollte nicht zu stark in der Wandstärke sein. Mit einer biegsamen Welle, in der sich ein Schleifstein bzw. Fräser befindet, können Sie das Mundstück sehr gut bearbeiten. Beim Feinschleifen verwende ich auch Wasser, damit die Oberfläche sehr fein bzw. glatt wird.

Dieser Bereich ist für einen natürlichen Klang sehr wichtig, da man die Töne mit der Stimmlage regulieren muss. Der geübte Hirschjäger, der das Ochsenhorn bevorzugt, kann sich sehr gut mit den röhrenden Hirschen unterhalten und sie auch zum Zustehen bewegen.

Besonders handlich ist ein Ochsenhorn gerade nicht. Es gibt aber auch kleine handliche, bei denen jedoch der Rufklang zu wünschen übrig lässt.

Der Umgang mit dem Ochsenhorn ist nicht jedermanns Sache.

Verschiedenste Längen von 25 cm bis 60 cm habe ich bereits gesehen. Sie alle haben im Einblasbereich meist einen sehr kleinen Durchmesser von oft nur 2 cm. Für meinen persönlichen Gebrauch habe ich jedoch immer eine Veränderung des Einblasbereiches vorgenommen, indem ich das Ochsenhorn so weit geöffnet habe, dass ich einen Innendurchmesser des Einblasbereiches von mindestens 4 cm erhalten habe. Die Wandstärke sollte ca.1,5 bis 2 mm sein. Der Luft- bzw. Tonaustrittsbereich hat keinen kreisrunden Durchmesser, sondern ist oval und dem Hirsch beim Röhren mit offenem Äser sehr ähnlich. Ich empfehle dennoch, zu einem mittleren oder größeren dünnwandigen Ochsenruf zu greifen, da dieser einfach eine bessere Resonanz hat.

Die verlockenden Rufe aus dem Ochsenhorn waren für diesen Erfolg ausschlaggebend. Glücklicher Brunfthirschjagdgast!

Faulhaber-Hirschruf

Faulhaber-Hirschruf in ausgezogenem Zustand.

Mitte der Siebzigerjahre hat Dipl. Ing. Max Wittasek den Faulhaber-Hirschruf entwickelt und serienreif gemacht. Der konische Faulhaber-Hirschruf besteht aus 3 Teilen und ist zum Ausziehen. Im ausgezogenen Zustand hat er eine Länge von 47 cm und im geschlossenen von nur 19 cm. Zur Vorgangsweise des Ausziehens: 1. In die Einblasöffnung den Zeigefinger stecken und den ersten Teil so lange herausziehen, bis der Konus im Mittelteil leicht festsitzt. 2. Mundstück ergreifen und mit ihm den Mittelteil herausziehen, bis dieser im dritten Konus leicht festsitzt. 3. Beim Zusammenschieben ist nur ein leichtes Drehen erforderlich und man kann problemlos die drei Teile ineinander schieben.

Das Instrument hat im Einblasbereich einen Durchmesser von 2,4 cm und im Austrittsbereich von 7 cm. Beachtlich ist sein Gewicht mit nur etwa 100 Gramm. Durch den dünnwandigen Kunststoff erhält man eine vorzügliche Bandbreite sowohl bei den Tönen als auch bei den Lautstärken. Bei Testversuchen in Ungarn wurde der Ruf aus diesem Instrument sogar in einer Entfernung von über einem Kilometer noch vernommen. Ob eine besonders kräftige Stimme „Schreien aus vollem Halse eines alten Recken" oder ein „hoher sehnsüchtiger Ton eines jungen, suchenden Hirsches" imitiert werden soll, mit diesem Instrument ist vieles möglich.

Dieses Instrument ist besonders praktisch in der Handhabung, wetterfest und unzerbrechlich. Aber auch den Faulhaber-Hirschruf habe ich mir auf meine Person abgestimmt. Ich besitze ein großes Luftvolumen.

Zugestanden auf den Faulhaber-Hirschruf. Erfolgreiche Nachsuche mit meiner Dachsbracke Brina auf diesen ungeraden Eisspross-Zehner im 10. Kopf. Mit einem guten Kammerschuss aus dem Kaliber 300 Win. Mag. mit 10,7 KS ging der Hirsch noch gut 400 Meter. Erst nach 200 Metern gab es den ersten Schweiß. Ohne Hund wäre dieser Hirsch nicht zur Strecke gekommen.

Oben, auf meine Bedürfnisse abgestimmter, umgebauter Faulhaber-Hirschruf im Vergleich zur Originalausführung

Damit ich mich beim Rufen in allen Tonlagen so richtig entfalten kann, benötige ich wie bereits erwähnt, eine Einblasöffnung von mindestens 3,5 cm im Durchmesser. Man kann den Faulhaber-Hirschruf leicht und schnell abändern, indem man im Mundstückbereich von vorne her 11 cm wegnimmt. Zu beachten ist hier aber, dass man danach den ersten Teil mit dem zweiten Teil verklebt. Die Abänderung hat aber keinerlei Einfluss auf die vielen Möglichkeiten dieses Instruments.

Nicht immer gelingt es, dass ein Hirsch fast auf Tuchfühlung mit dem Ruf zusteht, wie z. B. dieser Hirsch im 9. Kopf.

Ungarischer Kunststoff-Hirschruf

Dieser Ruf, den ich seit mehr als 20 Jahren mein eigen nenne, besteht aus zwei zusammenschiebbaren Kunststoffrohren, wobei das Einblasstück einen Durchmesser von 4,3 cm und das Ausblasstück einen von nur 4,6 cm aufweist.

Ausgezogen hat dieses Instrument eine Gesamtlänge von 36,5 cm und im zusammengeschobenen Zustand von 21,5 cm. Unzerbrechlich und witterungsbeständig ist dieser Ruf, keine Frage, die Wandstärken der Rohre sind jedoch mit 2 mm zu stark, um hervorragende Töne zu produzieren. Einige Hirsche habe ich in meiner Anfangszeit zum Zustehen bewegen

Dieser zusammenschiebbare Ruf ist sehr robust.

können, seit längerer Zeit hat er jedoch seinen Platz in meiner umfangreichen Ruf- und Lockinstrumenten-Sammlung im Schrank gefunden.

Französischer Hirschruf

Im Anschluss an eine geschäftliche Besprechung im Hause Waffen Siegert in Graz kam ich mit dem Firmeninhaber noch über die letzte Hirschbrunft zu sprechen. Wir fachsimpelten über die verwendeten Rufe, und das Gespräch landete bald bei meiner Instrumentensammlung für die Rufjagd. Plötzlich hielt er inne, entschuldigte sich kurz und verschwand mit den Worten: „da hab ich doch noch was für Sie", im Nebenraum. Es dauerte nicht lange, da kam er mit einem Instrument, das ich bis dato noch nie gesehen hatte, zurück und überreichte es mir.

Sofort probierte ich es aus und was ich zu hören bekam, versetzte mich in helle Begeisterung. Der Einblasdurchmesser mit 3,5 cm entsprach auch

Die Resonanz ist hervorragend.

genau meinen Vorstellungen. Dieser Ruf, der aus einem Stück Schierlingsrohr bestand, hat kaum ein Gewicht, und die Länge von 52 cm spielt bei diesem Ergebnis nur eine untergeordnete Rolle.

WEGU-GFT Hirschruf

Flexibler Allwetter-Ruf

Der WEGU-Hirschruf wird aus elastischem, grünen Gummi hergestellt. Er sieht einer Hirschdrossel sehr ähnlich und hat eine Länge von 31 cm mit einem Einblasdurchmesser von 4 cm. Der Luftaustrittsbereich beträgt 6 cm. Ideal ist dieser Ruf (nach Hirschvater Tschernig) auch bei schlechteren Wetterverhältnissen. Weiters hat er den Vorteil, dass er aufgrund seiner Flexibilität problemlos im Rucksack oder in der Manteltasche verstaut werden kann. Durch seine spezielle Formgebung erhält man eine hervorragende Tonresonanz. Das naturgetreue Nachahmen verschiedener Hirschrufe ist gewährleistet.

Lampenzylinder

Ein dünner, größerer Lampenzylinder ist auch für viele Rufstimmen bestens geeignet. Nur einen Haken hat das Ganze! Er ist sehr zerbrechlich. An Erfolgen mit diesem Instrument mangelt es mir nicht, ich habe jedoch schon einige vernichtet, indem ich sie zerbrochen habe oder auch nur ein

Gut sind sie, jedoch auf Grund ihrer Zerbrechlichkeit nur begrenzt einsetzbar.

Stück davon abgebrochen ist. In der Hitze des Gefechtes bleibt es nicht aus, dass man den Lampenzylinder einsteckt oder einfach auf den Boden fallen lässt, damit man die Hände frei hat für die Waffe, wenn ein Hirsch im Troll zusteht. Hat man nur einen Lampenzylinder mit auf der Jagd und geht er zu Bruch, so ist es oft gar nicht so leicht, einen neuen zu besorgen, abhängig natürlich vom Gebiet oder Land, in dem man jagt.

In meiner Sammlung kommt er noch vor, zum Rufen in der freien Natur habe ich mir jedoch bei einer Glaskunstbläserin eigene verstärkte Lampenzylinder nach meinen Skizzen und Vorstellungen fertigen lassen.

Eigenbau Glasruf

Da mir meine im Handel käuflich erworbenen Glaszylinder im Einsatz ständig zur Bruch gegangen sind, kam mir die Idee, einen eigenen robusten Glasruf anfertigen zu lassen. Es war nicht einfach, jemanden zu finden, der einige Unikate für mich (nach meinen Skizzen und Vorstellungen) in einer geringen Menge herstellt. In meinem Heimatbezirk gibt es sehr viele Betriebe, die sich mit der Glasherstellung beschäftigen, jedoch nicht in Kleinmengen. Schließlich fand ich in Kainach in der Weststeiermark eine Glaskünstlerin, die von meiner Idee sofort begeistert war. Das Ausgangsmaterial war ein industriell gefertigtes Glasrohr mit einem Durchmesser von 4,5 cm.

Das Glasrohr wird dabei mit dem Bunsenbrenner mit einem Gas-Sauerstoff-Luft-Gemisch bis zur Zähflüssigkeit erhitzt. Die dazu notwendige Temperatur liegt zwischen 900 und 1.200 Grad Celsius. Dieses

Zwei verschiedene Glasrufinstrumente

Nachdem mir dieser noch nicht reife Brunfthirsch mit dem Glasruf auf 30 Meter zugestanden war, sprang er ab, da er mich in den Wind bekommen hatte.

Glasrohr wird dann durch Hineinblasen oder Ziehen in die gewünschte Form gebracht. Gemeinsam wurden die ersten Prototypen gefertigt und ich habe diese sogleich im Atelier an Ort und Stelle ausprobiert. Ich hatte dabei nicht bemerkt, dass die große Eingangstür offen stand, und so kam ein Nachbar nach dem anderen, um zu sehen, woher diese eigentümlichen Laute kamen. Nach einer kurzen Erklärung waren sie alsbald begeistert von den verschiedenen Ruflauten aus dem Glas-Rufinstrument. Und es wurde anschließend noch ein gemütliches Beisammensein vor dem Haus mit der Glaskünstlerin, deren Nachbarn und meiner Wenigkeit. Auch mit diesen Unikaten stellten sich gute Erfolge ein.

Kunststoff-Rohr

Seit meiner Anfangszeit als Jäger verspüre ich den Drang, einen speziellen Ruf zu bauen, der alle Stücke spielt. Dementsprechend habe ich auch schon umfangreiche Recherchen angestellt und so manchen gescheiterten Versuch hinter mir. Alle verschiedenen Kunststoffrohre mit unterschiedlichen

Durch die feinen Rillen im Rohr erhält man mit etwas Übung den gewünschten Ton naturgetreu wieder.

Wandstärken, wie sie im Handel erhältlich sind, habe ich schon bearbeitet und getestet. Ich habe vieles ausprobiert, aber so richtig glücklich war ich mit den Ergebnissen nicht, bis zu jenem Tag, als ich rein zufällig ein Abfallstück für eine Freiverrohrung bei einem Elektriker gefunden habe. Dieses Kunststoffrohr ist innen nicht glatt wie die anderen, sondern hat feine Längsrillen. Der Rohrdurchmesser beträgt 4,7 cm und die Wandstärke,

inklusive der Rillen, beträgt nur 1,5 mm. Nach mehreren Versuchen habe ich die Länge mit 30 cm beschränkt. Ideal ist dieser Kunststoff-Rohrruf bei schlechtem Wetter.

Hirschdrossel, gedörrt

Mit einer Hirschdrossel zu röhren, ist Geschmackssache. Da ich für Experimente immer zu haben bin, habe ich auch einige Hirschdrosseln getrocknet und damit meine Versuche in der Brunft absolviert. Der Erfolg war jedoch nicht so, wie ich es mir im Vorfeld vorgestellt hatte.

Abwurfstangen-Ruf

Sehr aufwändig in der Herstellung ist ein Ruf aus einer starken Abwurfstange.

Aus einer starken Abwurfstange, die im Kern porös war, fertigte ich ein Ruf-Unikat. Mehrmals setzte ich es ein, die tiefen Stimmen für einen alten Hirsch jedoch gab mir dieses Instrument auf Grund seiner Ausführung nie frei.

Einige junge Hirsche, die suchend unterwegs waren, konnte ich mit diesem Instrument dennoch zum Zustehen bewegen. Bitte bedenken Sie immer: Egal welches Instrument zum Einsatz kommt, es muss ein breiter Spielraum für viele Stimmen wie auch für das Schreien aus vollem Halse vorhanden sein.

Kunststoff-Eigenbau-Ruf

Mit flexiblen Kunststoffrohren in Verbindung mit diversen Aufbauten habe ich mir auch einige Instrumente gebaut. Dies kann jeder von Ihnen, denn es ist nicht allzu schwierig. Die Resonanz aus den selbstgebauten Unikaten ist hervorragend. Auch sie haben mir schon den einen oder anderen Erfolg beschert.

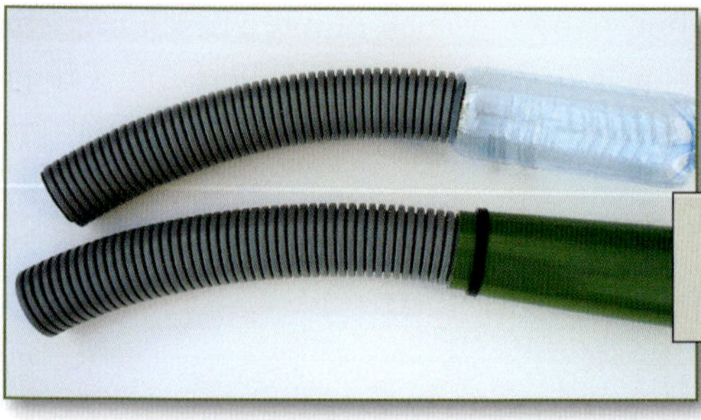

Zwei Ruf-Unikate. Ich bin stets bestrebt, die Instrumente für die Rufjagd weiterzuentwickeln.

Jüngling antwortet auf mein Rufen.

Rufpegel

Der Ruf eines Hirsches ist im Gebirge von einem Talkessel zum anderen zu hören. Sehr oft ist dort sogar das Echo eines Rufes zu vernehmen. Ein Jäger, der in der Brunft dem röhrenden Hirsch zu Leibe rückt, sollte mit den Gegebenheiten des Geländes vertraut sein. Im Gebirge ist es noch einfacher als in den verwachsenen Auen oder gar in den riesigen dichten Mischwäldern der Ostländer.

In den Bergwäldern vernimmt man einen röhrenden Hirsch oft über weite Entfernungen.

Vor allem, wenn diese Mischwälder mit sehr tiefen Gräben durchzogen sind, kommt es vor, dass sich ein Hirsch oft weit entfernt anhört, obwohl er relativ nahe steht. Der Brunftjäger sollte auch in der Lage sein, die Entfernung eines rufenden Hirsches – unter Berücksichtigung des Rufpegels – einigermaßen einzuschätzen. Mir ist es schon passiert, dass ich einen Hirsch leise vernahm und seinen Abstand zu mir auf ca.

500 Meter einschätzte. Beim Entgegenröhren – Inszenierung eines suchenden Hirsches – und beim Anpirschen stellte sich schon oft heraus, dass der Hirsch viel näher als angenommen mit seinem Rudel in einem Kessel stand und seinem Brunftgehabe nachkam.

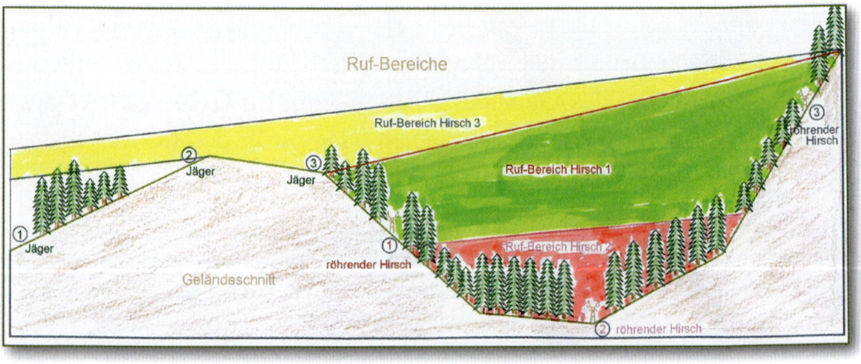

Der Darstellung in der Skizze ist zu entnehmen, wie sich ein Ruf im Gelände ausbreitet. Nicht von jeder Position aus ist ein röhrender Hirsch gut, sehr gut, schlecht oder überhaupt nicht zu hören. Es hängt auch davon ab, in welche Richtung der Hirsch röhrt und wie das Gelände beschaffen ist.

Wetter & Mondphasen

Das Wetter bestimmt eine gute Brunft maßgeblich, vorausgesetzt die Rotwild-Population ist intakt. Bei föhnigem, trockenem Wetter konnte ich nur selten röhrende Hirsche vernehmen. Bei niedrigeren Temperaturen jedoch sind die Hirsche beim Röhren aktiver. Wenn es tagsüber Temperaturen von über plus 15 °C gibt, vernimmt man in der Früh und am Abend kaum Brunftgeschehen. War jedoch zunehmender Mond und eine klare Nacht, so haben die Hirsche ihr Konzert verstärkt in der Nacht abgehalten. Wenn ich mir die Temperaturen für eine gute Brunft aussuchen könnte, hätte ich gerne am Abend um die 0 °C und in der Nacht einen leichten Frost ohne Mond. Bei solchen Temperaturen laufen unsere Könige der Wälder zur Höchstform auf.

Bei leichtem Nieselregen und einer Temperatur um die 4 °C konnte ich diesen kapitalen, reifen Auhirsch mit der Tritonmuschel überlisten.

Meistens schon am späten Nachmittag, so ab 16.00 Uhr, schreien sich die Hirsche ein, vereinzelt noch in der Nacht, ab 05.00 Uhr früh bis sich die Sonne am Himmel zeigt jedoch hervorragend. Vorausgesetzt, dass es keinen Vollmond gibt. Fällt in der Hirschbrunft in geringen Mengen Schnee, so hat dies kaum Auswirkungen auf das Brunftgeschehen. Den Wind allerdings muss man stets im Auge behalten. Gleichmäßiger bzw. leichter bis mäßiger Wind hat kaum Auswirkungen, bei starkem sturmartigen Wind zieht das Brunftrudel jedoch meist in ruhigere Gebiete und der Brunftverlauf ist auch nicht so intensiv. Es ist jedoch nicht immer das Wetter schuld an einer mäßigen bis schwachen Brunft. Ideal wäre natürlich eine Brunft von 3–4 Wochen.

Immer wieder kommt es vor, dass im Gebirge während der Brunftzeit Schnee fällt.

Zieht sich aber eine Brunft über sechs bis acht Wochen hin, so sollte man den Wildbestand in seinem Revier näher betrachten, ob z. B. die Altersstruktur (genug reife Hirsche) intakt ist. Reduktionsabschüsse über Jahre führten in vielen Gebieten zu leiseren Brunftabläufen. Wenn jedoch ein ausgewogenes Geschlechterverhältnis mit ausreichend alten Hirschen und

Fährtenerfahrung

Sämtliche Schalenwildarten sind Zehenspitzengänger und Paarhufer. Sie besitzen 2 Hauptzehen (Hautschalen, Schalen) und 2 Nebenzehen (Nebenschalen, Oberrücken, Afterschalen, Geäfter). Zur Fortbewegung zieht das Schalenwild auf den Schalen. Aus einer Fährte kann man lesen, ob das Rotwild vertraut zieht oder flüchtig ist bzw. war, ebenso auch die Wildkörperstärke anhand des Abdruckes. Maßgeblich dabei: die Schrittweite, der Zwang, der Schrank, Ballenzeichen, der Auftritt, die Stümpfe, das Geäfter und das Insiegel. Je nach Stärke des Rotwildes unterscheidet man zwischen Hirsch, Tier und Kalb durch ihre Trittsiegel, die sie in der Natur hinterlassen. Zum Vermessen der Trittsiegel habe ich mir eigens eine Messeinrichtung gebaut.

Für den Brunfthirschjäger ist ausschließlich das Trittsiegel eines nicht sichtbaren, jedoch in unmittelbarer Nähe röhrenden Hirsches ausschlaggebend. Nur an der Stimme kann man sich nicht orientieren, denn

Wichtig ist es, dass man die Fährten nach der Wildart und seiner Stärke in der Natur zuordnen kann.

wenn sich ein Hirsch schon eingeschrien hat, dann kann man sich hier oft schwer täuschen.

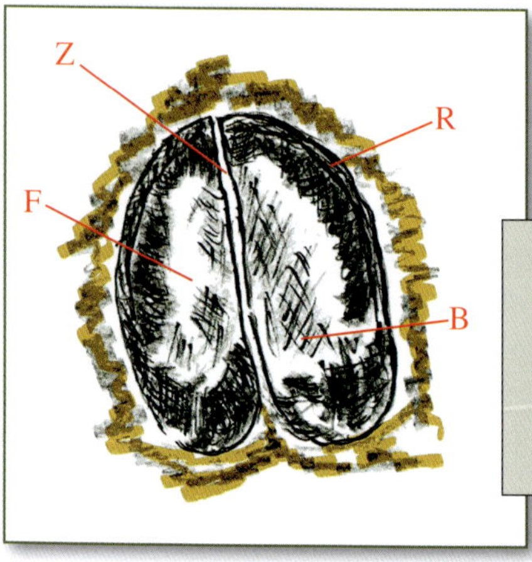

Rothirsch-Trittsiegel

B= Burgstall

F= Fädlein

R= Reifchen

Z= Zwang

Anhand des Trittsiegels, das ein Platzhirsch hinterlässt, erhält man Aufschluss über seine Stärke und sein Alter. Der Tritt des Vorderlaufes ist beim Hirsch stärker als der des Hinterlaufes. Wenn die körperliche Entwicklung eines Hirsches mit dem 7. – 8. Kopf abgeschlossen ist, verlagert sich die Masse seines Wildkörpers immer weiter nach vorne.

Flüchtiger starker Hirsch

Die Vorderläufe haben bei alten Hirschen die Last des Wildkörpers zu tragen. Durch die Last werden die Schalenspitzen zusammengedrückt, man spricht vom „Zwang". Schalenränder und Ballen zeigen beim alten Hirsch Abnützungserscheinungen. Mit zunehmendem Alter verbreitern sich die Schalen beim Hirsch und die Spitzen sind stumpfer als bei Tieren. Die Unterschiede bei den Trittsiegeln ergeben sich durch den Aufbau der Größe der Schalen.

Alter reifer Hirsch beim Zurückbleiben

Anhand bestimmter Merkmale – Länge der Schalen sowie Breite der Ballen – im Trittsiegel kann man die Stärke eines Hirsches relativ gut erahnen. Als „Zwang" (kommt von Zwingen) bezeichnet man die Geschlossenheit eines Trittsiegels. Beim Ziehen drückt er die Schalen zusammen, die Spitzen erscheinen dadurch geschlossen und rund. Durch den „Zwang" entsteht das „Fädlein" (Faden, Fädchen) im Trittsiegel. Zwischen den Schalen befindet sich ein sichtbarer Spalt, „Fädlein" genannt. Der Burgstall wird bei alten Hirschen infolge seiner Körpermasse besonders sichtbar. Je deutlicher die Ballen im Trittsiegel vorzufinden sind, umso behäbiger wird der Hirsch in seiner Art schon sein. Jüngere Hirsche zeigen bei den vorderen Abrundungen eher eine länglichere spitze Form, ähnlich dem Tier. Je breiter die Stümpfe, desto älter wird der Hirsch sein. Je älter der Hirsch, desto stärker und stumpfer werden seine Oberrücken, umso weiter stehen diese vom Lauf ab.

In der Brunft ist es nur wichtig, dass man beim Nachstellen eines rufenden Hirsches in den Einstand ein Trittsiegel einigermaßen deuten kann.

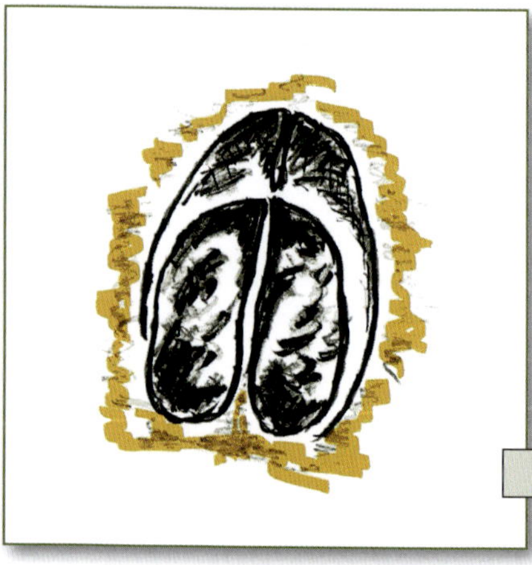

Alter reifer Hirsch beim Hinterlassen

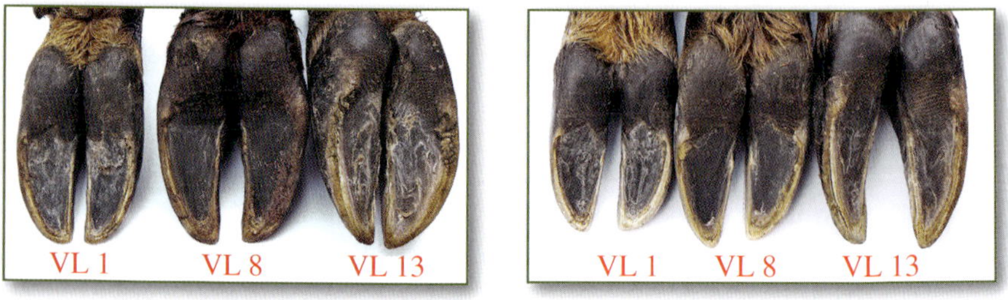

Vorderläufe und Hinterläufe eines Spießers, 8-jährigen und 13-jährigen Hirsches

Die durchschnittliche Schrittlänge eines alten Hirsches beträgt über 60 cm, ein mittelalter Hirsch liegt hingegen unter 60 cm. Die Stärke der Tritte (Ballenbreite) bei alten Hirschen liegt bei über 7 cm, bei mittelalten Hirschen unter 7 cm und bei sehr jungen Hirschen unter 6 cm, wobei die Ballenbreite zwischen Vorder- und Hinterlauf je nach Alter zwischen 2 und 8 mm differiert. Die Schalen der Vorderläufe sind länger und breiter als die der Hinterläufe.

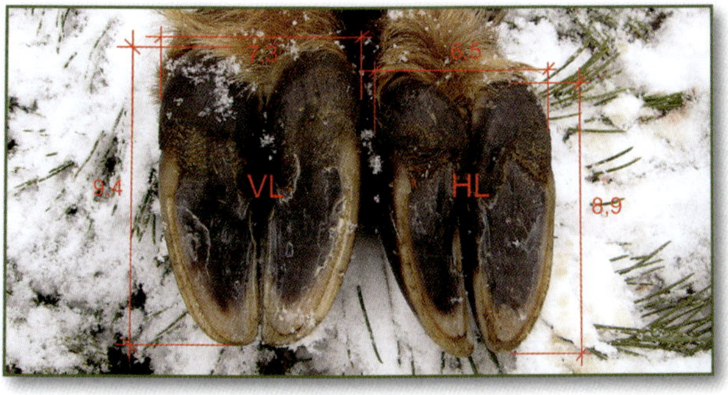

Links: Vorderlauf: Schalenlänge 9,4 cm, Breite 7,3 cm. Hinterlauf: Schalenlänge 8,9 cm, Breite 6,5 cm. Aufgebrochen hatte dieser Berghirsch 134 kg.

SCHALENLÄNGEN UND -BREITEN

		Schalenlänge	Breite der Ballen
Schwacher Hirsch	*Vorderlauf*	*7,5–8,0 cm*	*5,5–6,0 cm*
	Hinterlauf	*7,2–7,8 cm*	*5,2–5,7 cm*
Mittlerer Hirsch	*Vorderlauf*	*8,0–9,0 cm*	*6,0–7,0 cm*
	Hinterlauf	*7,9–8,5 cm*	*5,8–6,5 cm*
Reifer Hirsch	*Vorderlauf*	*über 9 cm*	*über 7 cm*
	Hinterlauf	*über 8,6 cm*	*über 6,5 cm*

Bei jungen Hirschen gibt es aber noch einige Besonderheiten hinsichtlich der Fährten zu bemerken, nämlich das „Blenden“, das „Übereilen“ und das „Vierballenzeichen“. Unter „Blenden“ versteht man, dass der Hirsch den Tritt des Hinterlaufes fast genau in den des Vorderlaufes setzt. Durch dieses

Verhalten entsteht ein größeres Trittsiegel. Erkennbar ist das Blenden durch den doppelten Schalenrand.

Ein junger Hirsch täuscht – „blendet" – damit einen alten Hirsch vor. Wenn ein Hirsch den Hinterlauf vor dem Vorderlauf aufsetzt, so wird dies als „Übereilen" bezeichnet.

Zum Vierballenzeichen sei gesagt, dass es als Folgeerscheinung des Übereilens entstehen kann. Das Rotwild stellt den schwächeren Hinterlauf vor den stärkeren Vorderlauf, so dass man vier Ballen zu sehen bekommt. Mit zunehmendem Alter spricht man bei alten Hirschen in der

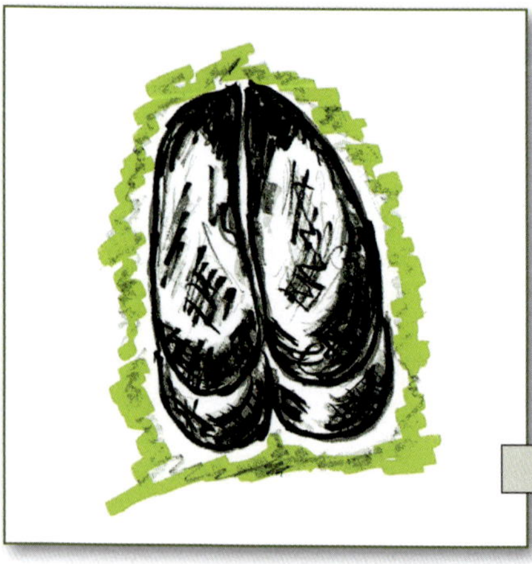

Blenden

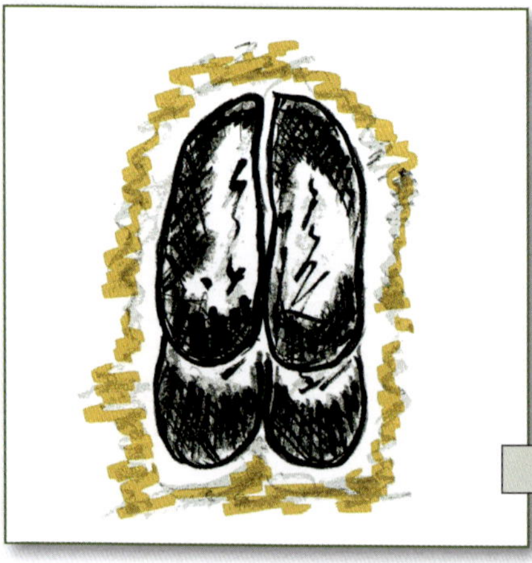

Vierballenzeichen

Weidmannssprache auch vom „Hinterlassen“ und „Zurückbleiben“. Je älter ein Hirsch ist, umso seltener setzt er den Hinterlauf in das Trittsiegel des stärkeren Vorderlaufes. Junge Hirsche übereilen, und alte Hirsche bleiben zurück, dies sind wichtige Merkmale eines Fährtenbildes. Entscheidend ist auch, ob er ruhig hinter seinem Brunftrudel herzieht, also ruhig suchend unterwegs ist, oder ein flüchtiges Trittsiegel hinterlässt. Auch im flüchtigen Trittsiegel kann man einen jungen von einem alten Hirsch unterscheiden. Bei jungen Hirschen sind die Schalen mäßig und bei alten Hirschen stark gespreizt. Länger wirken auch die Trittsiegel bei alten reifen Hirschen und der Eindruck der Oberrücken ist stärker und stumpfer als bei jungen. Gerade in der Hirschbrunft sind für mich, neben den Brunftlauten, auch die Trittsiegel beim Nachstellen von Bedeutung. Trifft eine tiefe raue Stimme mit den Trittsiegelmerkmalen eines alten Hirsches zusammen, kann man von einem „alten Recken“ ausgehen.

Alter Brunfthirsch kommt nach dem Kampf zum Rudel zurück.

Suchender, noch nicht reifer Kronenhirsch

Reine Vergeudung!

Über Jahre betreute ich für meinen Jagdfreund Kurt ein großes Revier. Dieses hatte eine Vielfalt an Wildarten in sehr guter Qualität und gutem Altersklassenaufbau zu bieten wie: Rot-, Reh-, Schwarz- und Muffelwild. Ein Berufs- und ein Revierjäger unterstützten mich bei meiner Tätigkeit. Zu meinen Hauptaufgaben, neben der Büroarbeit (Statistiken, Wildentwicklung usw.) zählte auch das Begleiten von Kurts Gästen. Diese kamen aus der ganzen Welt, da Kurt im Rahmen seiner Aktivitäten als Konsul im Laufe von Jahrzehnten auch viele Jagdfreunde gewinnen konnte. Jahr für Jahr lud er seine Freunde auf eine erlebnisreiche und gemütliche Jagd in sein Revier. Die Hirschbrunft zog wieder ins Land. Alljährlich ein unvergessliches Schauspiel, nicht nur für mich. Einige Gäste hatte ich von Brunftbeginn bis zur Hauptbrunft schon – nicht zuletzt durch den Einsatz meiner Rufinstrumente – mit dem Anblick eines reifen Hirsches und dem anschließenden Erlegen glücklich machen können.

In der Hauptbrunft bekam ich einen Generalkonsul auf ein bis zwei starke Hirsche zugeteilt. In Gedanken wusste ich bereits, welche Hirsche ich mit dem Gast zur Strecke bringen wollte. Immerhin lagen mir von den beiden Prachtexemplaren sämtliche Abwurfstangen, die jährlich gefunden und gesammelt wurden, vor. Die Abwurfstangen waren von mir vermessen, gewogen und fotografiert worden. Ich beobachtete auch die jährliche Veränderung im Wachstum sehr genau. Ist der Hirsch am Zenit, legt er in der Entwicklung nichts mehr zu und kann zum Abschuss freigegeben werden. Für den Generalkonsul hatte ich nun zwei bestimmte Hirsche ins Auge gefasst, aber auch noch zwei weitere in Reserve. Wer in der Hirschbrunft jagt, weiß, dass es oft anders kommt als man im Vorfeld plant. Pünktlich kam der Gast an, ein Herr älteren Semesters. Begleitet wurde er von einer sehr hübschen jungen Frau. Dies hatte mir Kurt verheimlicht, denn ich hatte nur eine Person erwartet. Ich war der Meinung, dass es sich (aufgrund des Altersunterschiedes) um die Tochter des Gastes handeln müsse. Bei der Begrüßung wurde ich eines besseren belehrt, es war die

Herbstliches Eichenlaub

um ca. 40 Jahre jüngere Ehefrau. Eine wirklich attraktive Erscheinung, die bei jeder Misswahl im Vorderfeld anzutreffen wäre. Untergebracht wurden die Gäste immer bei der Gerlinde, einem Gasthof mit gehobenem Ambiente. Die Wirtin persönlich war stets bemüht, dass es ihren Gästen an nichts fehlte. Ich will es nicht Futterneid nennen, aber es gingen mir schon so meine Gedanken durch den Kopf, wie der doch schon greisenhafte Generalkonsul zu so einer jungen Frau kommen konnte. Aber scheinbar bewahrheitet sich hier doch der Spruch: „Geld macht sexy!" und da spielt dann der Altersunterschied keine so große Rolle mehr?!? ...oder?

Zurück zum Jagdlichen. Beim gemeinsamen Mittagessen berichtete ich dem Gast über den guten Verlauf der Hirschbrunft. Dass die Hirsche schrien, orgelten und röhrten, dass einem die Gänsehaut aufstieg. Die Frau des Generalkonsuls war von unserem jagdlichen Gespräch sichtlich gelangweilt, er jedoch – trotz seines Alters – war interessiert bei der Sache. Frau Generalkonsul zog es vor, nachdem sie – wegen ihrer Figur – nur einige Happen gegessen hatte, sich zurückzuziehen. Bevor sie ging, fragte ich noch sehr freundlich, ob sie am späteren Nachmittag ihren Mann auf die Hirschbrunft begleiten wolle. Ihre Antwort war kurz und unmissverständlich: „Was soll ich dabei"? Ihr Mann hatte Verständnis dafür und führte noch aus, dass seine Frau ihn noch nie ins Revier begleitet hätte. So blieben der Jagdgast und ich noch ein Weilchen sitzen, besprachen den genauen Ablauf und Zeitplan und zogen uns dann aber auch zur Augenpflege – einem kleinen Mittagsschläfchen – zurück.

Mit neuer Energie geladen, holte ich meinen Jagdgast um 16.00 Uhr ab und wir fuhren ins Revier. Wie schon erwähnt, hatte der Generalkonsul ein bis zwei gute Hirsche (ohne Gewichtseinschränkung) frei. Also ideale Voraussetzungen für eine gute und spannende Rufjagd.

Da mein Begleiter nicht mehr gut zu Fuß war, fiel die Möglichkeit, den Hirschen in den Einstand zu folgen, weg. Aus diesem Grund zog ich es vor, einen Bodenstand zu wählen, an dem das Brunftrudel vom Einstand zum Brunftplatz – rechtzeitig vor dem letzten Büchsenlicht – vorbei zog. Am Stand angekommen, bot sich uns an diesem Herbsttag eine herrliche Brunftstimmung.

Die Laubbäume waren in herbstliche Farben gehüllt, und vom wolkenlosen Himmel strahlte die Sonne, die jedoch mit fortschreitender Zeit an Kraft verlor. Die Hirsche gaben von Anfang an ein starkes Lebenszeichen von sich und röhrten teilweise aus vollem Halse. Insgesamt meldeten acht verschiedene Hirsche um uns. Mit dem Ruf eines suchenden Hirsches aus meiner Tritonmuschel stieg ich ins Geschehen ein. Es dauerte nicht lange und ich war auch schon ins Orchester der röhrenden Hirsche aufgenommen. Mit meiner Stimme waren es mittlerweile sogar schon elf verschiedene Stimmen, die sich abwechselnd oder auch gemeinsam meldeten. Einige davon waren aber doch sehr weit entfernt oder klangen zumindest so. Mein Gast war fast sprachlos und folgte mit großer Begeisterung dem Geschehen. Ich wechselte meinen Ruf und verwendete den umgebauten Faulhaber-Hirschruf, der in der Resonanz noch einiges mehr zu bieten hatte, und imitierte naturgetreu einen Platzhirsch. Ich habe im Laufe der Jahre beim Rufen festgestellt, dass ich vom selben Platz unter Verwendung von verschiedenen Rufinstrumenten die größten Erfolge verzeichnen konnte.

Mittelalter Hirsch, der den Boden forkelt

Wenn ein Gast – aus welchen Gründen auch immer – nicht in der Lage war, den Hirsch anzugehen, war es meine Aufgabe, einen passenden Hirsch in Schussentfernung heran zu rufen.

Klingt plausibel und einfach, ist es aber sehr oft nicht. Je mehr man sich mit dem Verhalten der Hirsche sowie der wachsamen Tiere in der Brunft beschäftigt, desto größere Erfolge wird man verzeichnen können. Vor uns tat sich auch bereits einiges. Ein noch nicht reifer (9. Kopf, ungerader 10-Ender) zog mit tiefer Stimme hinter sieben Stück Kahlwild röhrend in unsere Richtung. Gut fünfzig Meter seitlich vom heranziehenden Brunftrudel schrie aus vollem Halse ein sehr alter, ungerader 18-Ender mit über 10 kg Geweihgewicht. Dieser bewegte sich in unsere Richtung. Ich kommunizierte mit dem alten Recken, indem ich auch aus vollem Halse zu schreien begann. Bei hervorragendem Büchsenlicht gab ich dem Gast den ungeraden 18-Ender, der sich keine 100 Schritte vor uns darbot, frei zum Abschuss. Der Gast zögerte und meinte plötzlich, dass er den Hirsch nicht gut sehen könne bzw. ihn nicht in sein Zielfernrohr bekomme, da er seine Brille im Quartier vergessen hätte.

Der Hirsch kam röhrend immer näher, stellte sich auf 30 Schritt vor uns und nahm den Kampf mit dem Boden auf. Er schleuderte mit seinem Haupt wild gestikulierend Grasnarben durch die Gegend und röhrte zwischendurch immer wieder aggressiv. Dabei warf er sein Haupt zurück, und aus seinem aufgerissenen Äser drangen kraftvolle Laute. Meinem Gast boten sich die besten Gelegenheiten zur Schussabgabe, aber nichts störte die Idylle, die uns umgab. Ich forderte den Gast auf, sein Zielfernrohr in die Richtung des Hirsches zu richten, und betätigte den Dioptrienausgleich am Zielfernrohr zuerst nach links. Da meinte er, dass jetzt nur mehr Nebel für ihn herrsche. Also drehte ich ihn in die andere Richtung, und plötzlich flüsterte er mir zu, dass er nun den Hirsch schon besser sehen könne. Ich drehte weiter an der Einstellung, und plötzlich hatte er den Hirsch scharf im Visier. Die Kugel verließ den Lauf, nachdem ich meine Hand vom Zielfernrohr genommen hatte. Ich vernahm einen starken Kugelschlag, der Hirsch ging jedoch flüchtig ab. Ich schrie ihm noch nach, denn ein schlecht getroffener Hirsch bleibt oft stehen und schreit weiter. Diesmal wäre das gar nicht notwendig gewesen, denn der Hirsch brach bereits nach ca. 100 Schritten zusammen. Durch den Schuss kam es bei den anderen röhrenden Hirschen nur zu einer kurzen Unterbrechung. Der ungerade 10-Ender verschwand mit seinem Rudel im nahe gelegenen Wald und meldete auch kurz darauf wieder. Der Generalkonsul war überglücklich, dass es dennoch geklappt hatte. Bis zu jenem Tag war ihm nicht bekannt gewesen, dass es auf dem Zielfernrohr eine Möglichkeit gab, die Schärfe einzustellen. Wie man sieht, ist bei der Jagd alles möglich und man lernt bis zum ewigen Gang immer noch etwas dazu. Für mich unverständlich, aber nachvollziehbar, da für gewisse Weidmänner im Vorfeld alles gerichtet wird und sie so auf das eine oder andere vergessen, wie in diesem Fall.

Jedem Gast gebe ich vor der Jagd schon zu verstehen, das wir uns beim erlegten Hirsch – vor allem in der Brunft – ruhig verhalten müssen und den Hirsch nach dem zeremoniellen Akt – letzter Bissen, Inbesitznahmebruch und Beutebruch – auf schnellstem Weg aufbrechen und ins Kühlhaus abtransportieren. Nach getaner Arbeit brachte ich meinen überglücklichen

Gast zurück ins Quartier. Wir verabredeten uns zum Abendessen, an das wir eine kleine Hirschfeier anhängen wollten.

Beim Abendessen waren wir wieder zu dritt. So plauderten wir über dies und das, und ich war bald wieder bei meinen Erzählungen über meine Brunfterlebnisse angelangt, die ich mit viel Leidenschaft und Begeisterung meinen aufmerksamen Zuhörern darbrachte. Meine gute Stimmung schlug auch bald auf den Generalkonsul über, der von meinen Erzählungen sichtlich angetan war. Auch seine Frau lauschte meinen Ausführungen, jedoch ohne darüber auch nur das kleinste Lächeln zu verlieren. So gegen 23.00 Uhr zog sich der Generalkonsul zurück, da er fit sein wollte für den Morgenansitz. Immerhin musste er ja noch einen Hirsch weidwerken. Seine Frau jedoch blieb noch bei mir sitzen, was mich etwas verwunderte. Nach der ersten Flasche Rotwein wurde auch die Gattin des Generalkonsuls gesprächig. Sie erzählte mir, dass ihr Mann kaum Interesse an anderen Dingen – außer seinen jagdlichen Ambitionen – hätte. Nun konnte ich auch ihre negative Einstellung zur Jagd etwas besser nachvollziehen. Kurz nach Mitternacht gesellte sich auch die Wirtin mit einer weiteren Flasche von dem köstlichen burgenländischen Rotwein zu uns. Gerlinde, auch eine begeisterte Jägerin, bat mich, ihr doch auch einige Brunfterlebnisse zum Besten zu geben. Mit einem leeren Rotweinglas stellte ich ein Brunftgeschehen nach, und die Begeisterung der Frauen war so groß, dass auch sie versuchten, es mir gleich zu tun und mit dem Rotweinglas zu röhren. Die letzten Gäste, die außer uns noch in Gerlindes Lokal anwesend waren, gesellten sich auch zu uns, denn wir hatten ausreichend auf uns aufmerksam gemacht. Der Brunftplatz „Stammtisch" wurde lebendig, denn jeder der Anwesenden wollte das Röhren ausprobieren. Welche Töne da entstanden, darauf will ich jetzt nicht im Detail eingehen, aber die Frau meines Jagdgastes fand Gefallen am Röhren. Aber auch der ausgelassenste Abend musste ein Ende finden, denn auf mich warteten im Morgengrauen neue Aufgaben. Zu meinem großen Erstaunen fragte mich die Gattin meines Gastes, ob sie morgen früh mit uns mitgehen dürfe, da sie sich davon überzeugen wollte, ob das Brunftgeschehen auch in dieser Form vonstatten gehen würde, wie ich es ihr geschildert hatte. Natürlich war dies möglich, und ich antwortete mit einem erfreuten „ja"! Hat man bei einer „jagdfeindlichen Person"

Interesse geweckt, so muss man dieser schnell die Möglichkeit geben, sich mit der Materie „Jagd“ anzufreunden.

Um 4.30 Uhr – nach einer wirklich etwas verkürzten Nachtruhe – trafen wir uns wieder bei einem kleinen Frühstück im Speisezimmer. Mein Gast kam tatsächlich nicht alleine, seine Frau begleitete ihn. Der Generalkonsul fragte mich, was ich denn mit seiner Frau angestellt hätte, dass sie das erste Mal in ihrem Leben mit auf die Jagd ginge und plötzlich begeistert darüber schwärme. Sie hatte sogar noch in der Nacht vor dem zu Bett gehen ihren Mann geweckt und ihm mitgeteilt, dass sie ihn bei der Morgenpirsch begleiten werde. Ein wenig zerdrückt war sie schon noch im Gesicht, aber ihre Schönheit litt nicht darunter, da sie von Natur aus – auch ohne Schminke – eine Schönheit war. Dass sie Wort gehalten hatte, freute mich.

Bei der Fahrt ins Revier überlegte ich, welchen Stand ich wählen sollte, immerhin mussten 3 Personen gut darauf Platz haben. Groß war die Auswahl nicht, und so entschloss ich mich – nach Prüfung des Windes – in den Altholzbestand zu gehen. In der Früh ziehen die Brunftrudel, aber auch einzelne Hirsche, von den Wildäckern zurück ins Holz. Es war für mich nicht einfach, in der Dunkelheit mit den beiden zum Stand zu gelangen.

Als ob es die Hirsche gewusst hätten, dass sie sich an diesem Morgen besonders anstrengen müssten, um meine Erzählungen zu untermauern. Das Revier war noch nie so lebendig, die Hirsche orgelten, schrien und röhrten, was das Zeug hergab. Eine unbeschreibliche, fast mystische Stimmung herrschte. Immer wieder hörte man kämpfende Hirsche in der Ferne. Die Frau des Generalkonsuls setzte sich nicht hin, sie blieb lieber hinter ihrem Gatten stehen. Er saß zu meiner Rechten, da für ihn in dieser Position die Auflage für den Ernstfall der Schussabgabe besser war. Der Tag brach langsam an, im Altholzbestand zogen unter uns einige junge Hirsche mit noch hoher Stimme zurück in den Einstand. Ein Rudel Kahlwild mit einem weiteren noch nicht reifen Hirsch mit tiefer Stimme und ein Beihirsch taten dasselbe. Vor uns waren nach wie vor Hirsche, die röhrten, aber nicht mehr so intensiv, wie noch in der Dunkelheit.

Der Waldboden war mit einem Nebelschleier von einem halben Meter bedeckt. Die Vögel gaben auch schon Lebenszeichen von sich und mischten sich unter die rufenden Hirsche, da flüsterte die Frau des Generalkonsuls

Nebelige Morgenstimmung

zu uns nach vorne: „Ist das was tolles, warum bin ich da nicht schon früher mitgegangen"! So gegen 7.00 Uhr, als die Stimmen größtenteils verstummt waren und sich uns noch kein schussbarer Hirsch gezeigt hatte, imitierte ich den Ruf eines suchenden Hirsches mit einer mäßigen Stimme, der wiederum von einem reifen Hirsch mit rauer Stimme abgesprengt wurde. Danach noch einige Kampfrufe Richtung Wildäcker und Felder. Mit tiefer ernster Stimme bekam ich Antwort aus vollem Halse. Hin und her ging das Schauspiel zwischen Hirsch und mir. Meine Stimme war an diesem Morgen besonders rau und tief. Kein Wunder, nach einigen Gläsern trockenem Rotwein und zwei Zigarren waren mein Kehlkopf und der Rachen ideal für eine tiefe Stimme. Und alsbald zeigte er sich uns auch.

Ein majestätischer Hirsch, mit einer kräftigen Stimme, es war der „Mächtige". Diesen Namen hatte ich ihm bereits vor zwei Jahren gegeben. Ein reifer Hirsch im 11. Kopf zog röhrend auf uns zu. Aus seinem Äser rauchte und dampfte es beim Röhren, als käme eine Lokomotive auf uns

Sichtbar der zustehende Hirsch, aber für den Schützen noch zu weit weg

zu. Bei solch einem Schauspiel meldeten sich auch wieder meine Haare, die sich kurzzeitig aufstellten, verbunden mit einem Gänsehautschauer. Immer wieder aufs Neue reizte ich den zuziehenden Hirsch mit meinen Rufen. Szenen wie im besten Heimatfilm durften wir erleben. Die Sonne zog den Bodenschleier zu sich himmelwärts, der „Mächtige" war keine 30 Schritte mehr von uns entfernt. Das Schauspiel bekam noch eine Draufgabe. Er begann mit seinem mächtigen Geweih auf einen Strauch einzuschlagen, wendete sich ca. fünf Meter ab und begann mit dem Geweih den Waldboden zu bearbeiten. Immer wieder röhrte ich ihn aus vollem Halse an, wenn er gerade sein Unwesen mit dem Waldboden trieb. Plötzlich drehte sich der Hirsch um 180 Grad und stand mit dem Haupt Richtung Sonne und bearbeitete wieder den Waldboden.

Links und rechts vom Hirsch waren die Samengaben, die er in feinen Teilchen Richtung Sonne versprüht, zu sehen. Ein imposantes Schauspiel. Plötzlich verspürte ich neben meinem rechten Ohr einen Hauch und danach

Imposantes Schauspiel in der Brunft

die Stimme unserer Begleiterin: „Was macht der Hirsch denn da?“. Ich antwortete: „Er versprüht sein Sam“. „Was macht er da?“ kam es erneut aus ihrem Mund. So, jetzt musste ich Hochdeutsch sprechen, denn sonst versteht sie mich nicht, und ich erwiderte: „Der Hirsch ist erregt und versprüht dabei seinen Samen“. Es vergehen ein paar Sekunden, plötzlich sagt sie: „Das ist doch reine Vergeudung!“ Also mit dieser Antwort hätte ich nicht gerechnet und musste in mich hineinschmunzeln.

Währenddessen zog ein zweiter röhrender Hirsch vom Graben auf gut 150 Meter in unsere Richtung. Es war ebenfalls ein reifer Abschusshirsch, jedoch hatte ich mich für die Freigabe des „Mächtigen“ ungeraden 18-Enders entschieden. Jetzt musste es schnell gehen, denn der „Mächtige“ hatte sich von uns entfernt und stand nun in einer ungünstigen Position für eine Schussabgabe.

Den Generalkonsul forderte ich nun auf, sich zu richten, und plötzlich mischte sich auch seine Frau ein und sagte zu ihm: „Bitte erleg mir diesen

Der „Mächtige" beim Wegziehen

Hirsch!" Was da in ihr plötzlich vorgegangen ist, werde ich wohl nie erfahren. Ich mahnte einige Male wie ein Tier. Der Hirsch drehte sich auf die Breitseite, und schon war die Kugel zu ihm unterwegs! Er zeichnete, ging flüchtig keine 40 Schritte nach unten ab und brach zusammen. Wir ließen 10 Minuten verstreichen, dann erst gingen wir zum Hirsch, wo anschließend das übliche Prozedere stattfand. Abermals sprach mich die Frau des Generalkonsuls, der über die Erlegung überglücklich war, an und wollte von mir wissen, warum der Hirsch so große Mengen von Samen unnötig verspritzt. Ich erklärte ihr ausführlich, dass dies zum gesamten Ritual einer Hirschbrunft gehört.

Junger Hirsch auf der Suche

Brunftjagdtage in Ungarn

Mit Georg, einem Geschäftsfreund des Jagdherrn, machte ich mich an einem 12. September auf nach Obornak – Ungarn, in ein über 6.000 ha großes Revier. Unterwegs hatten wir uns mit zwei weiteren Jagdfreunden in Gerlindes Gasthof (in der Nähe der ungarischen Grenze) verabredet. Wir ließen uns noch einmal von der guten österreichischen Küche verwöhnen. Die lustige Wirtin, selbst begeisterte Jägerin, erzählte uns auch noch kurz von ihren Jagderlebnissen in der Rehbrunft. Stefan und Burkhard, die wir bei Gerlinde getroffen hatten, kannten den Weg ins Revier bereits, und so fuhren wir getrennt weiter, da ich für meinen Freund Hermann, der im Nachbarrevier weidwerkte, noch etwas besorgen musste. Bei Hermann angekommen, erzählte er uns ausführlich vom Brunftverlauf, immerhin war er schon einige Tage im Revier. Seiner Meinung nach waren wir gerade zur rechten Zeit gekommen, denn die Brunft – Hauptbrunft – sollte sich in den nächsten Tagen zuspitzen.

Er gab uns noch den Tipp, beim alten Jagdhaus, das an der Strecke lag, vorbeizufahren. Das Jagdhaus war mir nicht unbekannt, da ich bereits seit

In den ersten Brunfttagen waren einige Jagdfreunde schon erfolgreich auf einen reifen Brunfthirsch.

20 Jahren dort Unterschlupf bei diversen Jagden fand. Vor dem Jagdhaus präsentierten sich auf Säulen, die in den Boden gedrückt waren, die bereits erlegten Brunfthirsche. Georg war von der originellen Präsentation der Trophäen begeistert! Auch der alte Wolfssprossenhirsch von Verena, Hermanns Frau, hing auf einer der Säulen. Unsere Augen begannen bei diesem Anblick zu leuchten und schon waren wir von der Hirschbrunft infiziert. Eilig setzten wir unseren Weg fort ins Jagdhaus Obornak.

Stefan und Burkhard waren natürlich um einiges schneller im Jagdhaus und hatten es sich bereits auf der Terrasse gemütlich gemacht. Von den nahe gelegenen Hügeln drangen einige Brunftlaute zu uns herüber. Nachdem wir nur schnell unsere Zimmer bezogen hatten, erwartete uns auch schon der Forstmeister zur Lagebesprechung und wollte von uns wissen, wer welchen Hirsch erlegen wolle. Obwohl ich vom Jagdherrn dieses Reviers auch einen guten Hirsch zum Abschuss frei bekommen hatte, entschloss ich mich dennoch, Georg zu begleiten.

Wenn der Jagdherr selber nicht im Revier war, nahm ich die Zuordnung der Jagdgäste mit den Berufsjägern vor, so auch diesmal. Einige Tage vorher hatte ich bei einer Glaskünstlerin nach meinen Skizzen neue Rufprototypen anfertigen lassen. Diese wollte ich neben meinen anderen Instrumenten, die ich mit hatte, ausprobieren. Immer ein gewagtes Spiel, einen Neuling – sprich neuen Ruf – einzusetzen. Die Resonanz aus den Unikaten war hervorragend und vielversprechend. Ein Problem gibt es allerdings bei den Glasinstrumenten, sie brechen leicht. Deshalb verstaute ich eines davon immer sicher mit dem Eifelruf im Rucksack. Die mittelgroße Tritonmuschel kam in meine rechte Jackentasche, in der sie genau Platz hatte, damit auch sie sowohl sicher verstaut als auch schnell griffbereit war.

Antrasch war unser Berufsjäger für die Abendpirsch, und ab ging es ins Revier. Während der Fahrt ins Revier erkundigte ich mich über den Verlauf der Brunft und die bestätigten Hirsche. Antrasch meinte, dass er einen alten reifen passenden Hirsch wisse, die Hirschbrunft käme jedoch erst langsam in Fahrt, da es vor Tagen noch Temperaturen um die 30 Grad Celsius hatte. Bevor ich von zu Hause weggefahren war, hatte ich mich im Internet auch über das Wetter der nächsten Tage erkundigt. Bereits für den heutigen Tag war eine Kaltfront angekündigt worden, die Richtung Ungarn unterwegs war. Gute Aussichten also.

Das Revier selber war zweigeteilt, einerseits Hügel bzw. kleine Berge, andererseits die Au, in die wir unterwegs waren. Zwischen Au und dem Hügelland gab es einige Grade an Temperaturunterschied, die die Brunft begünstigen bzw. negativ beeinflussen konnten. Wenn die Hirsche am Berg aus vollem Halse schrien, so hieß das noch lange nicht, dass sie auch in der Au gut meldeten. Der Hochstand, zu dem uns Antrasch brachte, hatte eine gute Lage, denn schon in der Rehbrunft konnte ich an dieser Stelle Rotwildfährten wahrnehmen. Die Vegetation war dabei, ihr Herbstkleid anzuziehen. Die unzähligen Goldruten hatten bereits ihre sommerliche Schönheit verloren. Die Vögel gaben uns ein stimmiges Abendkonzert, und die Frösche begleiteten sie mit einem schrillen Gequake. Am Himmel zogen Wolken auf, und es hatte noch 20 Grad plus. Zwischendurch zündete sich Antrasch eine Zigarette an, um den Wind zu kontrollieren. In der Ferne hörte man immer wieder das Bellen eines Hundes.

So gegen 18.30 Uhr versuchte ich, mit meinem neuen Ruf aus Glas Stimmung in den ruhigen Brunftabend zu bringen. Einige Male stellte ich einen nicht zu alten suchenden Hirsch nach, um zu sehen, ob ich Antwort bekäme. Antwort bekam ich prompt, aber von einem Schmaltier, das unmittelbar vor dem Hochstand in den Goldruten hoch wurde. Auch ein Alttier erhob sich und schloss sich dem Schmaltier mit einem vertrauten „ÄÄng“ an. Der Wind war gut, die beiden Tiere fixierten uns nur kurz und zogen dann zu einer Schneise, wo sie sich an der reichhaltigen Äsung bedienten. Nach einiger Zeit versuchte ich nochmals, mit der Tritonmuschel einen suchenden Hirsch nachzuahmen. Keine Antwort war zu vernehmen, nur ein Eissprosszehner im 3. Kopf schlich uns auf 30 Schritte an. Antrasch meinte, dass das Wetter diesmal äußerst ungünstig sei. Er konnte Recht haben, denn am Horizont brauten sich Gewitterwolken zusammen, und zwischendurch hörte man nicht die ersehnten Hirschstimmen, sondern das Grollen des Donners. Jetzt drehte sich auch noch der Wind, der auch immer heftiger wurde. So entschlossen wir uns, aufzugeben und zum Geländewagen zurückzugehen.

Gewitterwolken sammeln sich

Zwischendurch wurde es über uns taghell von den vielen Blitzen, und das Donnergrollen wurde auch immer lauter. Nachdem ich die Tür des Geländewagens geschlossen hatte, fing es auch schon zu regnen an. Ein heftiges Gewitter zog über uns hinweg. Im Jagdhaus angekommen, erzählten uns unsere beiden Jagdfreunde, welch tolle Brunft sie erlebt hatten, nur die Hirsche waren noch nicht reif für den Abschuss. Beim Abendessen erzählten Burkhard und Stefan noch ausführlich von ihren Erlebnissen. Die ganze Nacht über regnete es ausgiebig.

Um 4.30 Uhr ging der Wecker ab und riss mich unsanft aus meinem Schlaf. Der erste Weg führte mich zum Fenster, um die Wetterlage zu erkunden. Das Fallen der Regentropfen von den Bäumen war zu hören, und nebelig war es obendrein. In der Nähe des Jagdhauses vernahm ich eine junge Hirschstimme. Viele von uns Jägern sind abergläubisch und wollen an einem 13. nicht jagen, nicht so ich, denn er ist für mich ein Tag wie jeder andere. Also wir hatten nun den 13. und die Zuteilung der Berufsjäger vom Vortag blieb unverändert. Das Nachtgewitter hatte eine ordentliche Abkühlung gebracht. Antrasch fuhr mit uns diesmal in einen anderen Abschnitt seines Jagdgebietes. Es handelte sich beim Revierteil um einen aufgelassenen Militärübungsplatz, der teilweise schon sehr verwachsen war, und die Möglichkeiten, Wild in den Anblick zu bekommen, waren begrenzt.

Bei der Fahrt zum Stand schnürte ein Fuchs über den Forstweg auf der Suche nach Nahrung. Noch bevor es zu dämmern begann, hatten wir unseren Hochstand erreicht. Der Wind war leider noch recht aktiv, denn das Rauschen der Blätter hörte sich an wie die Brandung des Meeres. Der Tag brach langsam an, aber außer dem Rauschen des Windes war nichts zu hören. Nur ganz leise vernahmen wir das Geläut einer Kirchenglocke in der Ferne. Der Wind drehte ständig, und so zogen wir es um ca. 6.15 Uhr vor, unseren Hochstand zu wechseln.

Bei der Fahrt zum nächsten Standort erblickten wir lediglich ein einzelnes ziehendes Tier auf einer Wiese. Unser neuer Hochstand war – hinsichtlich

In der Hirschbrunft haben sie immer Schonzeit

des Wetters – um nichts besser als der vorherige, denn der Wind blies uns fast die Hüte von den Köpfen. Immer wieder mussten wir mit unseren Händen unsere Kopfbedeckungen festhalten, damit sie uns nicht von den Köpfen gerissen wurden. Trotz dieses kräftigen Windes kamen plötzlich über eine Schneise zwei Frischlinge bis auf 20 Schritte zum Sitz und verschwanden anschließend wieder im nahen Wald. Aber es wurde noch besser. Auf gut 200 Schritte erblicke ich einen ungeraden 16-Ender im 6. –7. Kopf, der ohne zu melden, langsam an uns vorbei zog. Ich rief einen suchenden Hirsch in seine Richtung, der 16-Ender reagierte jedoch nicht und zog unbeirrt weiter.

Der Wind wehte einfach zu stark, und so konnten meine Rufe die Lauscher des Hirsches nicht erreichen. Es wurde immer unangenehmer auf unserem Sitz. Immer wieder kamen sturmartige Böen auf und zogen über uns hinweg. Unverrichteter Dinge fuhren wir in unsere Unterkunft zurück. Auch Burkhard hatte keinen Anblick, ganz im Gegensatz zu Stefan, der immerhin zwei nicht schussbare Hirsche in den Anblick bekommen hatte. Nach einem ausgiebigen Frühstück legten wir uns bis zu Mittag ins Bett, da die Nacht ohnehin sehr kurz ausgefallen war. Zu Mittag wurden wir von der Köchin mit einem dreigängigen Menü verwöhnt. Im Anschluss an das reichhaltige Mittagessen zog ich mich mit einem Buch von Konrad Esterl auf die Terrasse zurück, nahm auf einer hölzernen Bank Platz und versuchte zu lesen. Der Wind hatte inzwischen auch wieder nachgelassen, und der Himmel war leicht bewölkt.

Meine Konzentration beim Lesen wurde aber immer wieder von einer interessanten, tiefen Stimme eines Hirsches unweit vom Jagdhaus gestört. Je weniger Wind sich regte, desto lebendiger wurde es um mich herum. Also ideale Voraussetzungen für eine gute Brunft am Abend. Am späteren Nachmittag traf auch der Jagdherr im Revier ein. Das Revier, in dem wir uns befanden, faszinierte mich besonders wegen seiner Vielfalt. Rund um das Jagdhaus ging es relativ steil nach oben mit vielen kleinen und größeren Schluchten. Kaum eine Wiese im Bergrevierteil, jedoch ein imposanter Mischwald in allen Altersstrukturen. Über die kleinen Berge (Hügel) hinweg Richtung Osten erstreckte sich die Au mit ihrer wunderschönen vielfältigen Fauna und Flora.

Der Berufsjäger Franz erschien pünktlich zur vereinbarten Zeit. Ich erzählte ihm sogleich von der guten Hirschstimme, die ich in der Nähe des Jagdhauses vernommen hatte, und gab ihm zu verstehen, dass ich diesen Hirsch mit dem Jagdherrn gerne bejagen wollte. Vom Jagdhaus pirschten wir dann zu Fuß langsam in die Richtung, aus der ich die gute Stimme mehrmals vernommen hatte. Wir marschierten bei leichtem Gegenwind eine Schneise bergwärts. Links und rechts von uns breitete sich ein gut 20-jähriger Föhrenbestand aus. Begleitet wurden wir von einigen Hirschstimmen, die aus der Ferne an unsere Ohren drangen. Am Ende der Schneise, bei einer T-Kreuzung, wählten wir den linken Weg, und nach ca. 50 Metern bogen wir wieder nach rechts ab. Plötzlich, keine 200 Meter vor uns eine kräftige, tiefe Stimme. Wir pirschten vorsichtig und langsam bei bestem Wind am Hügelrücken entlang bis zu einem Hochstand, der oberhalb eines Wildackers schon jahrelang seinen Platz hatte. Der Wildacker hatte ein Ausmaß von gut 3 ha und war in alle Himmelsrichtungen von Mischwald umschlossen. Franz und der Jagdherr nahmen am Hochstand Platz, der im Bodenbereich zu mehr als fünfzig Prozent mit mannshohen Sträuchern umgeben war. Ich blieb im Bereich der oberen Leitersprossen stehen, um beim Rufen auf die Sträucher schlagen zu können.

Mit dem Ruf eines suchenden alten Hirsches begann ich die erste Serie. Als Instrument hatte ich den Eifel-Hirschruf gewählt. Prompt kam eine gereizte Stimme aus dem rechts vom Wildacker gelegenen Altholzbestand. Ich erhöhte bei meiner zweiten Serie die Stimmlage, an die Stimme aus dem Bestand angepasst, und schlug danach mit dem Bergstock wie wild in die Sträucher. Es dauerte keine Minute, da röhrte der Hirsch aus vollem Hals vom Bestand Richtung Wildacker und stand dem Jagdherrn spitz zu. Wie hingemalt stand der alte Hirsch vor uns und begeisterte uns mit seinen Brunftlauten.

Plötzlich jedoch drehte er sich um und machte Anstalten, wieder in den Altholzbestand zu ziehen, woher er auch gekommen war. Einen Sprengruf mit anschließendem Kampfruf schrie ich ihm hinterher. Der Hirsch zog daraufhin laut schreiend vom Altholzbestand weg wieder in unsere Richtung. Der Jagdherr hatte sein Gewehr bereits im Anschlag, während der Hirsch nach wie vor schreiend auf uns zuzog. Ich musste jetzt mit dem Hirsch

Sichert in den Altholzbestand

mithalten und schrie ihm aus vollem Halse eine tiefe Stimme entgegen. Der Hirsch blieb kurz stehen, verhoffte, und schon hatte die Kugel des Jagdherrn im Kaliber 9,3 x 62 den Lauf der Steyr-Büchse verlassen.

Der Kugelschlag war unüberhörbar. Der Hirsch jedoch flüchtete über den Wildacker wieder Richtung Altholzbestand. Nun kam mein nächster großer Einsatz. Ich zückte meine Nikon, die mich bei jeder Jagd begleitet, und versuchte rasch, gute Aufnahmen vom weidwunden Hirsch zu erhaschen.

Dieser brach nach 100 Metern Flucht am Waldrand zusammen. Franz war erfreut und erleichtert, dass der Ansitz mit seinem Jagdherrn so erfreulich geendet hatte. Wie immer gingen wir nicht sofort zu dem vor uns liegenden Hirsch, sondern warteten noch gut 10 Minuten, bis wir zum Anschuss aufbrachen. Mich interessieren auch immer der Anschuss sowie die Flucht- und Schweißfährten. Für die Hirschbrunft auf kurze Entfernungen bis 200 Meter ist das Kaliber 9,3 x 62 nur zu empfehlen. Viele Gäste habe ich bereits geführt und dabei auch viele verschiedene

Getroffen geht der Hirsch ab.

Letzte Fluchten, bis er zusammenbricht und verendet

Der Kronen 14-Ender vor dem Jagdhaus

Kaliber und Geschosse auf ihre Wirkung hin kennen gelernt. Ich persönlich bin zur Überzeugung gekommen, dass sich gerade in der Brunft die älteren Kaliber, die am Markt erhältlich sind, bestens bewähren (Näheres dazu finden Sie im Kapitel „Waffen und Optik"). Nun standen wir also beim erlegten Kronen-Vierzehnender mit einer Stangenlänge von gut 1,2 Metern und einer gewaltigen Auslage.

Die Enden waren spitz und poliert wie Elfenbein, die Rosen tief eingebettet und die Tränenrillen breit. Ein alter Recke lag vor uns. Franz hatte in der Zwischenzeit den Geländewagen für den Abtransport geholt. Nach dem jagdlichen Brauchtumsakt – die Mundwinkel des Jagdherrn zogen sich vor Freude fast bis zu den Ohren – versorgten wir den Hirsch gleich an Ort und Stelle und brachten ihn anschließend in den Kühlraum unterhalb des Jagdhauses.

Da es noch sehr hell war, entschlossen wir uns, die Gunst der Stunde zu nutzen und noch auf einen anderen Sitz zu gehen. Neben einer Forststraße stiegen wir auf einen Sitz. Es herrschte Abendstimmung, viele verschiedene Hirschstimmen waren zu hören. Immer wieder stieg ich – diesmal mit meinem neuen Glasruf – ins Geschehen ein. Ein Tier kam wieder bis auf einige Schritte zum Hochstand. Zwei Füchse trieben sich auch längere Zeit am Forstweg herum, und unter uns kam die vielversprechende Stimme eines Hirsches immer näher. Mit diesem Hirsch begann ich zu kommunizieren und bekam auch prompt Antwort. Das Gelände, auf dem sich der röhrende Hirsch befand, war recht steil. Dadurch war die Entfernung auch sehr schwer einzuschätzen, außerdem hatten wir den Hirsch noch nicht zu Gesicht bekommen, und das blieb auch so bis zum letzten Büchsenlicht. Ob es der starke Achter war, der in diesen Revierteil seit 10 Jahren seine Fährten zog, geisterte es mir im Kopf umher? Ein interessanter Hirsch mit langen Stangen, geringer Auslage und sehr langen Augsprossen. In diesem Revier werden auch „nicht“ Kronenhirsche, ich meine Sechser, Achter und Eissprossenzehner, noch sehr alt. Jeder Jagdherr verfolgt eine andere Philosophie. Der eine will nur Kronenhirsche, der andere solche, die im Körper und in der Trophäe stark sind und so weiter. Eines ist klar, der Hirsch braucht Jahre, um ins reife Alter zu kommen, und dies sollte man sich immer vor Augen führen.

Da es dunkel war, baumten wir ab und fuhren zurück ins Jagdhaus. Die Jagdgäste des Jagdherrn, Georg, Burkhard und Stefan, kamen ohne Brunfthirsch von der Abendpirsch zurück. Beim Abendessen stießen wir auf den Hirsch des Jagdherrn an und machten es uns bei launigen Erzählungen über das Erlebte gemütlich. Bevor ich zu später Stunde ins Bett ging, hielt ich Ausschau nach der Wetterlage. Es regnete wieder leicht und es war angenehm kühl. Ich hatte eine unruhige Nacht und wurde fast stündlich munter. Grund war wohl das ausgiebige Abendessen, das mir im wahrsten Sinne des Wortes im Magen lag. Um 4.00 Uhr öffnete ich mein Fenster, der Regen hatte wieder aufgehört, und nur noch vereinzelt hörte man Regentropfen von den Bäumen fallen. Die Temperatur war im Vergleich zum Vorabend wieder um gut 5 Grad Celsius gefallen. Es war ein guter Morgen, denn bei genauerem Hinhören konnte ich fünf verschiedene Hirschstimmen rund um das Jagdhaus ausmachen. Ein erfolgversprechender Brunfttag war in Sicht.

Um 4.30 Uhr weckte ich, wie es in der Hirschbrunft im Jagdhaus schon zur Tradition geworden war, meine Jagdfreunde mit einem Kampfruf aus der Tritonmuschel. In den stillen Räumen kam die Resonanz des Rufes voll zur Geltung. Franz, der Berufsjäger, war wie immer um einige Minuten vor seinen Jagdkollegen beim Jagdhaus. Von allen Jägern war mir der Franz der liebste, vielleicht auch deshalb, weil er mir am ähnlichsten in meiner jagdlichen Einstellung war. Er machte kaum etwas Unüberlegtes, war vorsichtig wie ein Leittier und hatte noch dazu einen Instinkt wie das Schwarzwild. Was will man mehr von einem guten Pirschführer! Wir röhrten oft abwechselnd, er mit dem dünnwandigen Ochsenhorn und ich mit meinen verschiedenen Instrumenten, und wir stellten so ein reges Brunftgeschehen nach. Mit dem Jagdherrn an unserer Seite machten wir uns wieder auf den Weg zu jenem Hochstand, bei dem wir am Vorabend diese wirklich interessante Stimme vernommen hatten. Nachdem wir den Geländewagen in einer Schneise abgestellt hatten, pirschten wir mit der Taschenlampe bei stockdunkler Nacht talwärts. Immer wieder hörten wir im Umfeld einige Hirsche röhren. Am Talboden setzten wir uns auf besagten Hochstand, der an einer Kreuzung mit drei Schneisen seinen Platz hatte. Es war noch so dunkel, dass ein Ansprechen des Wildes unmöglich war. Von der Bergseite röhrte sehnsüchtig suchend ein junger Hirsch Richtung Brunftplatz. Ein zweiter gesellte sich mit einer noch höheren Stimme dazu. Vom Wildacker, der keine 200 Meter rechts von uns war, konnte man plötzlich Kampfgeräusche von zwei Hirschen vernehmen. Geweihe prallten aufeinander, und ein Absprengen war zu vernehmen. Die Spannung stieg mit zunehmendem Tagesanbruch. Plötzlich eine tiefe raue Stimme vor uns im Bestand. Dieser Hirsch zog schreiend in Richtung Wildacker. Und ein weiterer war oberhalb von uns zu hören. Uns bot sich eine atemberaubende Brunftstimmung, bei der sich auch meine Gänsehaut wieder meldete.
Da der Wind gut war, entschieden wir uns, über die Schneise zum Wildacker zu pirschen. Wir waren ein eingespieltes Team, der Franz und ich. Franz ging mit seinem Universal-Eigenbau-Bergstock immer voraus, danach kam der Jagdherr und das Schlusslicht bildete ich. Dies hatte für mich den Vorteil, dass ich von hinten alles besser überblicken und in verschiedene Situationen besser eingreifen konnte. Die Stimmen links von uns waren

Bilderbuch-Brunftjagdtag

immer deutlicher zu vernehmen. Fünf Meter vor dem Wildackerrand in der Schneise stellte Franz seine dreibeinige Schussauflage auf. Der Jagdherr bezog Stellung, und ich stieg mit dem Eifelruf in das morgendliche Konzert ein. Die Sicht auf den Wildacker war eingeschränkt. Da vor uns einige Tiere standen, konnten wir nicht bis zum Waldrand vorstoßen. Ein junger Hirsch im 4. Kopf zog röhrend von uns weg, verhoffte aber immer wieder in unsere Richtung. Ein anderer Hirsch schrie aus vollem Halse neben uns, wir hörten das Brechen im Bestand, konnten ihn aber leider nicht sehen. Nach einiger Zeit fing ein Tier zu schrecken an und der Hirsch neben uns verstummte. Nun war Handlungsbedarf angesagt, und ich stellte ein naturgetreues Absprengen eines suchenden Hirsches nach, schlug mit dem Bergstock auf bzw. in die Sträucher und Äste und ahmte den „Sieger“ nach. Aggressiv meldete sich der Hirsch daraufhin wieder, Äste und Zweige brachen, er kam näher und immer näher. Der Jagdherr war bereit, plötzlich aber verstummte der Hirsch wieder. Ich begann aufs Neue und stellte einen

Kam aus der Suhle und röhrte

sehnsüchtig suchenden Hirschen nach, danach das Absprengen. Plötzlich in voller Flucht bei höllischem Lärm sprang der Hirsch hinter uns in die Schneise, verhoffte nur Bruchteile einer Sekunde und ging flüchtig Richtung Berg und von uns weg und war so rasch, wie er gekommen war, kurzfristig aus unserem Blickfeld verschwunden. Franz war besonders enttäuscht darüber, dass wir diesen Hirsch nicht langer beobachten konnten.

Auf mein Rufen hin war aber auch noch ein anderer Hirsch an uns herangeschlichen. Da unsere ganze Aufmerksamkeit dem alten Recken gegolten hatte, war uns dieser Hirsch gar nicht aufgefallen. Erst als er von seinem älteren Rivalen den Berg hinaufgetrieben wurde, nahmen wir von ihm Kenntnis. Aber nun waren ja beide aus unserem Gesichtsfeld verschwunden und wir vernahmen nur noch die Fluchtgeräusche. Ich unternahm noch einige Versuche, die beiden Brunfthirsche zurück zu locken, und meldete (suchenden Hirsch und Absprengen eines Rivalen) drei Serien. Leider ohne Erfolg. Die anderen jungen Stimmen um uns herum waren auch weiterhin unverändert zu vernehmen. Der Wind hatte in der Zwischenzeit auch gedreht, und so mussten wir bei äußerst ungünstigem Wind zurück zum Hochstand pirschen.

Beim Stand angekommen, prüfte ich wieder mit einem Feuerzeug den Wind und wir entschieden uns, einen weiteren Pirschversuch zu unternehmen und wählten diesmal dafür die rechte Schneise. Irgendetwas in mir sagte, dass sich der alte Recke von vorhin mit einigen Tieren eben in diese rechte Schneise zurückgezogen haben könnte. Wir pirschten noch keine 50 Schritte, da zog – fast zum Greifen nahe – ein Tier vor uns über die Schneise, danach ein Kalb und noch ein Tier. Dem Jagdherrn gab ich zu verstehen, dass er sich bereithalten solle, und schon schob sich ein kräftiger Wildkörper vor uns aus dem Einstand in die Schneise. Ich schrie den Hirsch mit einem Kampfruf an, er verhoffte, drehte sein Haupt und sein finsterer Gesichtsausdruck zeigte direkt in unsere Richtung. Franz sagte nur: „alter Hirsch", und schon war der Büchsenknall aus der 9,3 x 62 zu hören. Ein dumpfer Kugelschlag folgte, Pulverschmauch lag in der Luft, und der Hirsch verschwand flüchtig nach links. In diesem Bereich zu jagen, ist schon eine Herausforderung, denn im Talkessel ist der Bestand nicht sehr alt, aber sehr dicht. Die begrünten Schneisen, die vor Jahren angelegt wurden, dienen dem vorhandenen Wild zur Äsungsaufnahme. Unsere 10-minütige Wartezeit wollte einfach nicht vergehen. Die jungen Hirsche meldeten nach wie vor eifrig um uns herum. Beim Anschuss angekommen, fanden wir jede Menge Lungenschweiß und folgten diesem noch 20 Schritte. Vor uns, keine 40 weiteren Schritte entfernt, lag der Hirsch dann verendet auf einer breiten Wiesenschneise. Schritt für Schritt beobachteten wir die Schweißfährte, um Aufschluss über die Schusskraft des H-Mantel-Geschosses zu gewinnen.

Die Freude war für alle Beteiligten groß, denn der Hirsch, der vor uns lag, war ein alter reifer 16- Ender mit mächtigen Stangen. Auch die großen Rosen, die gute Prellung und die kräftigen langen Enden zeichneten diesen Hirsch aus. Der Jagdherr nahm den Beutebruch mit Freude entgegen und bedankte sich für seinen „Lebenshirschen", wie er ihn in späteren Erzählungen zu nennen pflegte, bei Franz und bei mir. Aufgrund meiner Erfahrungen wusste ich, welch imposanten Erntehirsch unser Jagdherr hier erlegt hatte.

Starker Erntehirsch 221,18 CIC-Punkte.

Nach der Versorgung (dem Aufbrechen) kostete es uns einige Anstrengungen, den schweren Wildkörper auf die Ladefläche des Geländefahrzeuges zu heben, da bei diesem Geländewagen leider keine Seilwinde vorhanden war. Aber auch das schafften wir mit vereinten Kräften und viel Schweiß, nicht nur auf der Stirn. Es war erst 8.00 Uhr morgens, als wir beim Jagdhaus – mit dem Hirsch auf der Ladefläche – eintrafen. Nach und nach kamen auch unsere Jagdfreunde von der Morgenpirsch zurück. Zuerst Burkhard und danach Georg. Beide konnten über Anblick nicht klagen, nur der hl. Hubertus hatte ihnen offenbar keinen Hirsch zum Abschuss freigegeben, da keiner der gesehenen Hirsche schussbar war. Allein Georg hatte sieben verschiedene röhrende Hirsche in den Anblick bekommen.

Nachdem der morgendliche Gedankenaustausch zu Ende war, kam die Mitteilung, dass auch Stefan einen Brunfthirsch erlegt hatte. Fast jeden Morgen kam der Forstdirektor im Jagdhaus vorbei, um sich über

Zwei gerufene und gestreckte Brunfthirsche

den Brunftverlauf zu erkundigen. Besonders zufrieden äußerte sich der Jagdherr, denn er hatte schon zwei gute Hirsche zur Strecke gebracht.

Eine Feier ließ nicht lange auf sich warten, denn der Jagdpächter des Nachbarreviers, unser Freund Hermann, lud uns zu einer kleinen Hirschfeier zu sich ins Jagdhaus ein. Der Weg zu Hermanns Jagdhaus führte über einen Bergrücken. Insgesamt mussten wir nur 8 km mit dem Geländewagen zurücklegen. Vor dem Jagdhaus hingen fein säuberlich abgekocht etwa 20 Brunfthirsche auf Säulen und warteten darauf, von uns in Augenschein genommen zu werden. Hermanns Jagdfreunde, die bei ihm im Jagdhaus wohnten, hatten sich nach der Morgenpirsch etwas Ruhe gegönnt und sich hingelegt. Nun bat mich Hermann, seine Freunde mit einigen Brunftlauten aus meinen Instrumenten zu wecken. Vor dem Jagdhaus entstand regelrecht ein „Brunftkonzert“.

Ich legte mich mächtig ins Zeug und gab alle Fassetten der Hirschrufe / Hirschbrunft zum Besten. Es gelang mir mühelos, die schlafenden Jäger aus

Ich gab mein bestes „Brunftkonzert" für meine Freunde

ihren Träumen zu reißen. Rasch gesellten sie sich zu uns auf die Terrasse, teilweise noch schlaftrunken. Eine gute Stimmung kam auf, ein Witz, ein Schmäh und alte Geschichten wurden ausführlich wiedergegeben. Teilweise flossen vor lauter Lachen die Tränen. Unter den Anwesenden war auch unser Jagdfreund mit dem Spitznamen **„Mister Aluminium"**, der besonders viel zu unser aller Erheiterung beitrug. Ein verhinderter Schauspieler, der sehr früh die elterliche metallverarbeitende Firma übernehmen musste. Es ging im wahrsten Sinne des Wortes die Post ab, wenn er aus seinem Leben erzählte. Ein edler Tropfen Wein nach dem anderen floss unseren Schlund hinunter. Einige Jagdfreunde wollten auf die Schnelle das Röhren erlernen. Undefinierbare Töne entstanden. Eines war klar, nach dieser Aktion musste ich meine drei mitgebrachten Instrumente – Faulhaber-Hirschruf, Eifelruf und die Tritonmuschel – desinfizieren. Wir amüsierten uns alle wirklich ausgezeichnet bei Hermann. Leicht benebelt vom Wein und dem Konsum von Zigarren machten wir uns auf den Weg zurück in unser Jagdhaus. Zu unserem großen Glück hatten wir einen Antialkoholiker in unserer Runde, der uns wohlbehalten zurückchauffierte.

In unserem Jagdhaus wurden wir bereits zum Mittagessen erwartet. Die Köchin hatte zur Feier des Tages ein besonderes Menü, ein Festessen, für uns aufgetischt: als Vorspeise: Jenkás-sajtes nyársak (Schinken-Käse-Trauben-Spieß), danach Húsleves finommetélttel (Fleischsuppe mit Fadennudeln), als Hauptspeise: Erdélyi tekány /Párizsi szelet (Wildschweinbraten nach Erdély Art und Pariser Schnitzel) und als Nachspeise: Kuglóf (Gugelhupf). Nach dieser Mahlzeit mussten wir uns alle wieder etwas ausruhen, um für die Abendpirsch gewappnet zu sein.

Um 17.00 Uhr ging es wieder ab ins Revier. Am Nachmittag hatte es wieder leicht zu regnen begonnen. Franz und ich begleiteten wieder den Jagdherrn. Für mich war der Regen nicht unangenehm, da man viel besser pirschen kann und ich bei Regen gerne im Holz bin. Ein Tier querte vor uns die Schneise, in der wir uns Richtung Hochstand fortbewegten. Ein Hirsch mit einer mäßigen Stimme meldete auch im Umfeld. Am zugedeckten Hochstand vernahm ich noch drei weitere meldende Hirsche, die allesamt nicht allzu weit entfernt klangen. Die Stimmen ordnete ich einem jüngeren, zwei mittleren und einem alten Hirsch zu. Vor uns breitete sich ein etwa 2 ha großer Wildacker aus, der zu 100 Prozent von Altholz umschlossen war. Eine Rehgeiß mit zwei und eine mit drei Kitzen zogen fast gleichzeitig auf den Wildacker. Für mich war es wieder an der Zeit, in das Brunftgeschehen einzusteigen. Einige Serien (suchender Hirsch) gab ich zum Besten. Unsere Hoffnung, dass sich bald ein alter Hirsch aus dem Unterholz schieben würde, war bald zunichte gemacht, denn vorerst erschien nur ein jüngerer Hirsch auf der Bildfläche. Seine Stimme war eigentlich ganz gut, jedoch waren Franz und ich uns einig, dass er erst im 6. oder 7. Kopf war. Mit dem Ruf eines suchenden Hirsches versuchte ich seine Reaktion zu prüfen. Der Hirsch reagierte prompt, und seine Antwort war sehr aggressiv.

Er schlug mit dem rechten Vorderlauf den Wildackerboden auf und forkelte ihn mit seinem Geweih. Bei diesem Schauspiel entleerte er sich, indem er mehrere Male einen Samenerguss hatte und diesen versprühte. Wir hatten die Gelegenheit, wie auf einer Tribüne diesem Treiben mehr als eine halbe Stunde zuzusehen, bevor der Hirsch im Holz verschwand. Zu regnen

Boden forkeln

hatte es auch aufgehört, und bei Einbruch der Dunkelheit verstummten auch die röhrenden Hirsche wieder. Uns blieb nichts anderes übrig, als den Hochstand zu verlassen und wieder ins Jagdhaus zurückzufahren.

Ein neuer Jagdgast war in der Zwischenzeit auch eingetroffen. Dietmar, ein Gastronom aus Salzburg, bezog das Zimmer von Burkhard, der aus beruflichen Gründen abreisen musste. Georg hatte an diesem Abend mit dem Berufsjäger Antrasch einen röhrenden Hirsch beschossen, jedoch nicht zur Strecke gebracht, denn er zog nach dem Schuss schwer krank in eine Dickung. Ich persönlich hätte sofort eine Nachsuche mit einem guten Hund gestartet, schon wegen des Wildbrets. Antrasch zog es aber vor, erst in der Früh, nach dem morgendlichen Ansitz, nachzusuchen.

In der Nacht ging wieder ein kräftiger, schauerartiger Regen nieder. Pünktlich um 4.30 ertönte mein Weckruf, ein Kampfruf aus dem Eifelruf. Der Regen gab nach wie vor ein kräftiges Lebenszeichen von sich. Eine Nachsuche auf den beschossenen Hirsch würde bei diesen erschwerten

Bedingungen nicht leicht werden. Mit dem Jagdherrn fuhren Franz und ich so lange den Berg hinauf, bis wir im lehmigen Boden aufgeben mussten. Gerade bei Regen erreicht man die besten Brunftgebiete nicht, da es kein Geländefahrzeug gibt, das im aufgeweichten Lehmboden weiterkommt. Auch mit der besten Bereifung hat man in diesem Gebiet bei solchen Bedingungen keine Chance. Wir stellten unser Fahrzeug ab, und zu Fuß ging es noch in der Finsternis bergwärts. Die Gummistiefel wurden beim Gehen durch die Lehmansammlung immer schwerer und schwerer. Am langen Schlag (1,5 km lang) bezogen wir am ersten Sitz Stellung. Trotz des schlechten Wetters konnten wir einige Hirsche vernehmen. Der Regen wollte und wollte einfach nicht aufhören. Da der Sitz nicht zugedeckt war, gestaltete sich dieser Morgenansitz alles andere als gemütlich. Noch in der Dunkelheit gesellte ich mich mit meiner Stimme aus der Tritonmuschel unter die rufenden Hirsche. Sehnsüchtig gespannt warteten wir auf das erste Büchsenlicht, um endlich zu sehen, welche Hirsche am Schlag gegenüber ihr Unwesen trieben.

Endlich war es soweit: Vor uns, auf 300 Meter, bot sich am Gegenhang ein noch nicht reifer 14-Ender mit acht Stück Kahlwild. Rechts unter uns ein ungerader 16-Ender mit fünf Stück Kahlwild, aber auch er war noch zu jung. Hinter uns zwei weitere Hirschstimmen, die aber auch nicht unseren Vorstellungen entsprachen, um sie anzugehen. Zwischendurch meldete ich mich immer wieder als suchender alter Hirsch mit einer etwas rauen Stimme. In der Ferne links von mir vernahm ich plötzlich eine alte tiefe raue Stimme. Der Hirsch stand beim Rudel, und das Absprengen eines Rivalen war zu hören. Nach Tagesanbruch wurde es so richtig kalt. Zwischen meinen Rufen musste ich meine Hände immer wieder in meiner Jackentasche erwärmen. Alsbald entschlossen wir uns für einen Standortwechsel, da der Wind günstig für uns war, und so pirschten wir zum nächsten Hochstand, der 300 Meter entfernt war, um die Lage zu erkunden. Um uns, am Schlag und in den umliegenden Wäldern, wurde es immer lebendiger durch die Stimmen der edlen Hirsche. Zwischendurch waren auch aufeinanderprallende Geweihe vom Kämpfen zu hören.

Trotz des miesen Wetters konnten wir an diesem Morgen Zeugen eines regen Brunftgeschehens werden. Noch etwas in der Ferne, auf über

Dieser Sitz war unsere Hoffnung.

600 Metern, erblickte ich den Hirsch mit der tiefen Bassstimme. Auch er wurde von vier Stück Kahlwild begleitet. Der Schlag war reichlich mit Jungpflanzen, die bis zu 2 Meter hoch waren, bedeckt, und dadurch gab es nur wenige Stellen, an denen man ein Stück Wild im gesamten Wildkörper sehen konnte. Aber ohne etwas Glück geht auch bei der Jagd nichts, und so stellte sich der Hirsch, dessen Stimme uns begeistert hatte, genau auf eine solche freie Stelle. Und wir konnten einen alten ungeraden Zehnender ansprechen. Solche Hirsche sind genau mein Ding, alt und keine Krone. Franz war von meinem Vorhaben, diesen Hirsch anzupirschen, gar nicht begeistert, da er durch den anhaltenden Regen schon bis auf die Knochen durchnässt war. Der Jagdherr hatte selber schon schwere Kleider am Körper, unterstützte aber meine Idee sofort, denn er kannte meine Verbissenheit, wenn es Aussicht auf Erfolg gab. Gut gedeckt stiegen wir den Hang hinunter und den Gegenhang bis zu einem Querweg wieder empor. Zwischendurch imitierte ich einen suchenden alten Hirsch, der in

die Richtung des ungeraden Zehnenders zog. Gut 400 Meter hatten wir schon hinter uns. Der beim Kahlwild stehende Hirsch reagierte auf meine Rufe immer aggressiver. Vorsichtig legten wir noch 100 Meter zurück, aber noch immer war kein Hirsch zu sehen, seine Stimme war jedoch schon zum Greifen nahe. Wir mussten aber aufgrund der Geländebeschaffenheit noch näher an das Objekt unserer Begierde heran. Von Vorteil für uns war auch, dass in unmittelbarer Nähe der Hirschstimmen ein gedeckter Hochstand positioniert war. Ohne größere Probleme erklommen wir ihn. Keine 40 Schritte vor uns trieb der Zehnender sein Kahlwild in der hohen Vegetation zusammen. Zwischendurch waren sogar nur die Gabeln seines Geweihes zu sehen. Immer wieder gab ich dem aus vollem Halse schreienden Hirsch Antwort. Plötzlich, keine 20 Schritte neben dem Sitz von oben kommend, betrat ein junger Kronenhirsch im 4. Kopf die Bühne. Mit meinem umgebauten Faulhaber-Hirschruf inszenierte ich ein zweites Brunftgeschehen. Diesen Ruf setze ich gerne bei Schlechtwetter ein, da ihm Regen nichts anhaben kann.

Plötzlich erblickte der alte Hirsch den in der Nähe beim Sitz stehenden jungen Hirsch und sprengte in ab, ohne dass der Jagdherr nur die geringste Chance gehabt hätte, einen Schuss anzubringen. Leider verschwanden die beiden keine 60 Schritte von uns entfernt in der hohen Vegetation. Kurze Zeit war es still um den alten Recken. Abermals versuchte ich es gleich von Anfang an mit einem kräftigen Sprengruf. Plötzlich ein Lebenszeichen vom alten Recken aus vollem Halse, das durch Mark und Bein ging. Einen gewaltigen Lärm verursachend, schob er sich auf eine Stelle, die einigermaßen frei und gut einsehbar war, und schrie. Sein Hauch war so mächtig, dass er zwischendurch sogar einen Teil seines Wildkörpers verdeckte. Der Jagdherr ließ die Kugel auf den röhrenden Hirschen fliegen. Der Hirsch zeichnete, wankte 30 Schritte nach oben und brach zusammen. Wäre der Hochstand nicht gewesen, hätten wir aller Wahrscheinlichkeit nach den Hirschen wegen der teilweise sehr hohen Vegetation nicht bekommen. Die Nachsuche war sehr schwierig, da die Buchenmast zwischendurch um einiges höher war als wir. Nach 10 Minuten fand ich den alten Recken verendet. Nass war ich bis auf die Unterhose, und meine Lederhose war angesoffen wie ein Schwamm. Nicht nur ich war so durchnässt, sondern

Durchnässt waren wir, aber glücklich über den Erfolg.

auch meine beiden Begleiter, die mich bei der Nachsuche unterstützten. Glücklich stand der Jagdherr vor seinem alten, schwer erkämpften Recken, dessen Stimme für immer versiegt war. Nach dem Aufbrechen machten wir uns auf den Weg zurück ins Jagdhaus und holten einen Traktor für die Bergung.

An diesem Morgen erlegte Stefan auf seinem Weg zurück ins Jagdhaus eine Überläuferbache. Dietmar hatte keinen Anblick, und die Nachsuche auf Georgs Hirsch brachte auch keinen Erfolg. Gegen Mittag wurde eine neuerliche Nachsuche mit einem anderen Hund vorgenommen, aber auch diese endete ergebnislos. Laut Georg hatte er einen guten Schuss aus seiner Blaser im Kaliber 300 Win. Mag. auf den Hirsch abgegeben. Georg war am Boden zerstört, denn er hatte fest damit gerechnet, dass der Hirsch verendet gefunden werden würde. Bei der Abendpirsch sollte nun ich der Begleiter von Georg sein.

Tier beobachtet röhrenden Hirsch

Die Au in Antraschs Revierteil war unser Ziel. Wir bezogen lautlos einen Hochstand in der Nähe eines Wildackers. Kurz nach 17.00 Uhr zogen ein Tier und dahinter ein Kronenzwölfer im 6. Kopf über ein freies Feld vor uns in den Bestand. Es fing wieder an, leicht zu regnen, und auch der Wind war unbeständig. In der Ferne vernahm ich zwei verschiedene Hirschstimmen. Eine junge und eine ältere. Mit dem Eifelruf gesellte ich mich zur älteren Stimme. Die junge Stimme verstummte daraufhin, die ältere jedoch war kräftiger zu vernehmen. Hin und her ging unser Spiel, und die Hirschstimme kam rasch näher. Wieder drehte sich der Wind Richtung Einstand, ein Tier schreckte, und der Hirsch verstummte. Dieser Abend war gelaufen, und ohne Beute ging es zurück ins Quartier. Auch den anderen Jagdfreunden war es ähnlich ergangen. Bei einem geselligen Abend besuchte uns Esta, die gute Seele der Forstverwaltung – eine überaus nette und kompetente Person in Sachen Jagdangelegenheiten. Sie unterhielt uns mit Erzählungen aus ihrer Kindheit, was sie alles so mit ihrem Vater, den ich auch gut kannte, erlebt hatte. Dieser Abend endete etwas früher. Nicht zu spät verschwanden wir dennoch müde in unseren Zimmern.

Pünktlich um 4.30 Uhr erklang der legendäre Weckruf aus der Tritonmuschel. Ein vielversprechender Morgen bahnte sich an, denn um das Jagdhaus schrien sich bereits in der Dunkelheit die Hirsche die Drossel heiser. An diesem Morgen zog es den Jagdherrn, Franz und mich auf den Berg. Bei Tagesanbruch kam allerdings wieder starker Wind auf, die röhrenden Hirsche waren kaum mehr zu vernehmen. Gegen 7.00 Uhr entschlossen wir uns, aufzugeben und zurück zu pirschen. Auf halbem Weg meldete sich plötzlich konstant tief ein Hirsch unter uns im Graben. Sofort gab ich ihm Antwort, und unsere Kommunikation war für längere Zeit perfekt. Wir pirschten vorsichtig weiter. Im Graben angekommen, den Hirsch allerdings noch nicht im Anblick, fing ein Tier an zu schrecken und der Hirsch verstummte. Nach etwa fünf Minuten gab er abermals ein Lebenszeichen von sich und röhrte, nur leider weiter entfernt von uns als noch vor einiger Zeit. Über einen Forstweg versuchten wir in seine Richtung zu gelangen. Da erblickte ich plötzlich frische Rotwildfährten am Forstweg, und wir entschlossen uns spontan, diesen zu folgen. Der Hirsch meldete konstant weiter, wahrscheinlich, weil er beim Kahlwild stand. Endlich war es soweit: ein mächtiger Hirsch im 8. bis 9. Kopf mit vier Stück Kahlwild stand vor uns. Ein edler Zukunftshirsch mit mächtigen langen Kronen und dunklen Stangen. Wir bestätigten einen 18-Ender. Um den wäre es schade gewesen, und so beendeten wir diese Morgenpirsch. Auch die anderen Gäste gingen wieder leer aus. Leider mussten wir alle, wie geplant, an diesem Vormittag abreisen.

Imposanter alter ungerader Eisspross-Zehner im 12. Kopf mit noch 8,41 kg Geweihgewicht und 193,35 CIC-Punkten

Der „Kronenspießer“

Meine bereits verstorbenen Jagdfreunde Sepp und Walter hatten über ein Jagdreisebüro in Ungarn zwei Brunfthirsche gebucht. Walter bekam seinen Abschuss zu seinem 75. Geburtstag von seiner Gattin geschenkt – ebenso Sepp, der feierte seinen 60er. Da ich beide gut kannte und sie nicht alleine ins Ausland fahren wollten, fragten sie mich, ob ich nicht so nett wäre und für sie den Chauffeur spielen könnte. Sie wussten beide, dass ich für solche Manöver immer zu haben bin. Außerdem war die Brunft voll im Gange, und meine Rufinstrumente warteten schon auf ihren Einsatz. Diesmal nahm ich mir vor, keinen Brunfthirsch zu erlegen (obwohl mein rechter Zeigefinger danach zuckte) und nur die beiden Jagdfreunde zu unterstützen und dabei die Brunftstimmung zu genießen. Ich holte die beiden zu Hause ab, und als wir alles verstaut hatten, auch eine ordentliche Wegzehrung wurde eingepackt, ging die Fahrt los. Auch meine Frau Silvia und meine Dachsbracke Brina waren mit von der Partie. An der ungarischen Grenze mussten wir gut zwei Stunden auf die Einreise warten. Zuerst mussten die Formalitäten (Ungarn gehörte damals noch nicht zur EU) wie Kontrolle der Waffen und deren Registrierung erledigt werden. Wir sind leider zur Mittagszeit an der Grenze angekommen, und wenn die Zöllner Pause hatten, dann war „Pause“. Von der Grenze ging es noch eine Stunde Richtung Südwesten. Ich hatte in dieser Gegend vorher noch nie gejagt, fand aber das Jagdhaus relativ schnell.

Als wir ankamen, herrschte unter den Jägern etwas Verwirrung, denn man hatte uns erst 3 Tage später erwartet. Wir wiederum besaßen eine Reservierungsbestätigung, die auf den 13. September ausgestellt war, und diesen Tag hatten wir. Am meisten betroffen über unsere Ankunft allerdings zeigte sich die Köchin. Es waren mehr oder weniger alle Zimmer belegt. Vier Franzosen waren schon seit einer Woche in diesem Jagdhaus einquartiert. Ihre Abreise war für den nächsten Tag vorgesehen. Nach einigem hin und her fand man doch eine Lösung. Die einquartierten Gäste und wir erklärten uns bereit, etwas zusammenzurücken für diese eine Nacht. Als wir soweit alles geklärt hatten und unsere Sachen im Zimmer eingeräumt waren, war es auch schon 17.00 Uhr und wir warteten schon ungeduldig auf unsere Pirschführer, die im nahegelegenen Ort wohnten. Nach ihrem Eintreffen war es wichtig, den Abschussrahmen – Geweihgewicht – zu fixieren. Fast mit Händen und Füßen erklärten wir, dass Sepp einen etwa 8–9 kg und Walter einen 7–8 kg schweren Hirsch (Geweihgewicht) erlegen wollte. Unsere ungarischen Sprachkenntnisse hielten sich in Grenzen, und um die Deutschkenntnisse unserer Pirschführer war es nicht anders bestellt. Für Walter war der Geburtstagshirsch sein erster Hirsch überhaupt, dem er entgegenfieberte, und obwohl Sepp schon beneidenswerte Hirschtrophäen in seiner Jagdstube hängen hatte, wurde auch er vom Jagdfieber angesteckt. Mit einem Lächeln in meinem Inneren beobachtete ich die Beiden und hörte zu, wie sie sich unterhielten.

Das Hauptthema war natürlich die Gewichtsklasse und das gewünschte Aussehen der Trophäe. Sepp schwärmte von einem dunklen, massigen Geweih mit weißen Enden, und eine 4-er Krone sollte es auch noch haben. Auch bei Walter spielte die Anzahl der Enden eine wesentliche Rolle, denn ein Kronenzwölfer sollte es mindestens sein. Meine Frau und ich sollten die Brunftgeschehnisse mit der Kamera festhalten. Sepp konnte es aber nicht lassen und überredete mich, sein Reservegewehr im Kaliber 9,3 x 62 mitzunehmen, denn es könnte ja vielleicht ein Abnormer vorbeikommen. Sepp wusste von meiner Vorliebe für abnorme Trophäen. Endlich machten wir uns auf ins Revier.

Walter und Sepp bekamen je einen Berufsjäger als Pirschbegleiter zugeteilt, und meine Frau und ich wurden vom Aushilfsjäger Julius begleitet. Brina, unser Hund, durfte auch nicht fehlen. Mit unserem Pirschführer fuhren wir mit meinem Allradfahrzeug ins Revier. Ein normaler PKW hätte auf diesen ausgeschwemmten, unwegsamen Land- und Forststraßen keine Chance gehabt, weiterzukommen. Von meinem Fahrzeug war die weiße Farbe kaum noch zu sehen, denn das ganze Auto war bald mit Staub und ungarischem Schlamm bedeckt. Sepp und Walter waren mit ihren Jagdführern in einem klapprigen Geländefahrzeug ins Revier gefahren. Einen Teil des Weges fuhren wir hintereinander, dann allerdings trennten sich unsere Wege. Wir fuhren durch lange Hirse- und Maisfelder, wo allerdings die Saat etwas

Aus vollem Hals schrie der Hirsch im 10. Kopf zum Kampf.
Sein jüngerer Rivale – ein Raufbold – forkelte den Boden.

schütter aufgegangen war, da den Ungarn die notwendigen Spritzmittel für optimale Ernteerträge fehlten. Mir persönlich fuhren wir schon an zu vielen Hochsitzen vorbei, und ich fragte mich innerlich schon, wo er uns wohl hinzubringen gedachte. Nach einer halbstündigen Fahrt gab mir Julius ein Zeichen zum Anhalten. Ich parkte mein Fahrzeug neben einem Feldweg. Links, rechts, vor und hinter uns lagen Getreidefelder, die von einem Waldstreifen begrenzt waren. Eine ebene Fläche ist schwer einzuschätzen in Bezug auf die Größe, aber ich schätze, dass in Abständen von ca. 300 Metern Hochstände am Waldrand platziert waren. Wenn ich geradeaus blickte, so hatte ich gleich drei Hochstände in meinem Blickfeld. Fast alle Hochstände in Ungarn sind nach einer Norm gebaut, so auch diese. Über ihre Bequemlichkeit lässt sich streiten. Die Pirschführer stehen die meiste Zeit auf den Sitzen. Julius zündete sich eine Zigarette an, um zu sehen, ob wir günstigen Wind hatten. Ich packte in der Zwischenzeit meinen

Fotoapparat aus und wechselte das Objektiv, denn zum Fotografieren waren wir ja hierher gekommen. Unser Begleiter, ich schätzte ihn auf maximal 19 Jahre, war ein sehr sympathischer junger Mann, verstand aber so gut wie gar kein Deutsch, und unsere Ungarisch-Kenntnisse habe ich ja vorhin schon beschrieben. Dieser erste Abend auf ungarischem Boden verlief sehr ruhig, denn es waren kaum röhrende Hirsche zu vernehmen, obwohl der Chef der Jagdgesellschaft uns in gebrochenem Deutsch gleich nach unserer Ankunft begeistert mitgeteilt hatte: „Wald ist momentan wie Disco“.

Als uns die Sicht dann auch noch durch herankriechenden Bodennebel genommen wurde, beschlossen wir, unseren Rückweg anzutreten. Ich war schon gespannt, was Sepp und Walter zu berichten hatten, denn aufgrund der großen Distanz wäre es möglich gewesen, dass ich den Schuss nicht gehört hätte. Als wir beim Jagdhaus ankamen, wurden wir von unseren Freunden bereits erwartet. Was sie uns berichteten, war nicht gerade rosig. Auch sie hatten kein einziges Stück Rotwild gesehen, geschweige denn gehört. Da wir vor hatten, mindestens für drei Tage zu bleiben, hielt sich unsere Enttäuschung über den ersten Ansitz in Grenzen, denn wir hatten ja noch einige Möglichkeiten vor uns. Nach dem Abendessen zogen wir uns gleich zurück, um in der Früh ausgeschlafen zu sein, denn um 4.00 Uhr war Tagwache. Jeder behielt seinen Pirschbegleiter, und noch vor 5.00 Uhr waren wir am Hochstand.

Der Tag brach langsam an, die Landschaft, eingehüllt in leichten Nebelschwaden, lag zu unseren Füßen. Hirsehalme regten sich im Wind hin und her. Mit meiner Tritonmuschel begann ich mit dem Ruf eines suchenden Hirsches. Prompt bekam ich Antwort von einem Hirsch, der noch sehr weit entfernt war. Ein zweiter Hirsch schloss sich dem Brunftgesang an. Die erste Stimme war kurz und rau, die zweite wesentlich jünger. Immer wieder meldete ich mich, und immer wieder bekam ich Antwort, die ständig näher kam.

Es war gegen 7.00 Uhr, da erblickte meine Frau einen im Körperbau kräftigen Hirsch auf gute 400 Meter rechts von mir, der langsam durch ein Hirsefeld zog. Zwischendurch verhoffte er immer wieder in unsere Richtung und röhrte. Meine Frau reichte mir das Spektiv zum besseren Ansprechen, und ich traute meinen Augen nicht: ein sehr alter abnormer

Abschusshirsch war uns hier in den Anblick gekommen.

Linke Stange ohne Aug- und Mittelspross, dafür eine einzigartige Kronenbildung. Rechte Stange mit einem langen, nach oben stehenden Augspross und einer Dreierkrone. Solch ein Anblick infizierte mich sogleich mit dem „Hirschbrunftfieber“. Ich hatte schon sehr viele Hirsche beobachtet, aber so ein alter Brunfthirsch, und obendrein ein Abnormer noch dazu, war mir schon lange nicht mehr untergekommen. Ich ließ den Hirsch nicht mehr aus den Augen, bis er im gegenüberliegenden Wald verschwunden war. Auf mein Rufen hin blieb er immer kurz verhoffend stehen, zog aber gleich wieder weiter.

Wir blieben noch bis 9.00 Uhr auf dem Stand, in der Hoffnung, dass er vielleicht zurückkäme. Diese Hoffnung blieb aber unerfüllt. Ich freute mich schon auf den Abendansitz, denn ich rechnete mir gute Chancen aus, diesen Hirsch vielleicht etwas näher beobachten und fotografieren zu können.

Für den Abendansitz wählte unser Pirschführer einen anderen Hochstand, der aber nur unweit von unserem Morgenansitz lag. Leider war auch dieser Abendansitz wenig erfolgreich. Es meldeten einige Hirsche sehr weit entfernt, nur bei uns ließ sich keiner blicken, obwohl ich eifrig meine Instrumente bediente. Beim Abendessen erzählte ich noch einmal ausführlich von meinem Anblick bei der Morgenpirsch und skizzierte sogar die Trophäe. Auf meine Frage, ob Tibor, Sepps Pirschführer, diesen Hirsch schon einmal gesehen habe, meinte dieser nur: „Kenne ich, aber ist noch zu jung bika“ (Hirsch auf ungarisch). Ich erzählte ihm nochmals von meinen Wahrnehmungen, aber er beharrte darauf, dass dieser Hirsch zu jung war.

Am nächsten Morgen waren wir wieder zeitig in ein anderes Jagdgebiet unterwegs. Enttäuscht versuchte ich von Julius eine Erklärung dafür zu

Sicherten in meine Richtung

bekommen, warum wir an diesem Morgen in eine komplett andere Richtung aufbrachen. Immerhin wollte ich doch den Abnormen wieder sehen, um ihn zu erlegen, denn für mich war dieser Hirsch mehr als reif, davon war ich fest überzeugt, und da ließ ich mir auch von niemandem etwas anderes einreden.

Schon beim Pirschen zum Sitz hörten wir einige Hirsche schreien. So unterschiedlich konnte eine Brunft verlaufen. Einmal schreien die Hirsche gut, und am anderen Tag ist wieder für kurze Zeit Ruhe im Revier. Das sind die Launen der Tierwelt in der Natur. Meine Dachsbracke nehme ich immer mit auf den Sitz, damit sie nicht auf dumme Gedanken kommt. Noch bevor gutes Schusslicht anbrach, setzte ich meine ersten Rufe ein. Der Tag erwachte langsam, als ich aus dem Wald neben mir ein leises Trenzen vernahm. Plötzlich orgelte ein Hirsch mit einer tiefen Stimme kurz und kräftig. Ich erkannte die Stimme des Abnormen wieder. Da erschienen 100 Meter seitlich neben mir ein Leittier, ein gut veranlagter Spießer und noch vier Tiere und drei Kälber. Meine ganze Aufmerksamkeit galt dem Kahlwild.

Ich röhrte mit meiner Tritonmuschel tief und kräftig, und prompt bekam ich Antwort, und nicht nur das, der alte abnorme Hirsch in seiner vollen Pracht gesellte sich zum Kahlwild und zog mit diesem von uns weg. Ich richtete meine Waffe viel zu spät, denn als ich sie in eine ideale Position für eine Schussabgabe gebracht hatte, stand der Hirsch äußerst ungünstig und verschwand mit seinem Harem auch bald wieder im Wald. Ich hatte als Ergebnis nur eine verpasste gute Chance vorzuweisen. Würde ich heute, nach über 20 Jahren, wieder mit derselben Situation konfrontiert werden, dann wäre sie ein aufgelegter „Jagd-Elfmeter“ für mich.

Im Jagdhaus berichtete ich wieder voller Begeisterung von unserem Erlebnis. Und wieder sagte Tibor: „Diesen Hirsch noch nicht schießen“, ist „ígéretes bika!“ Ich antwortete: „Meinst du Zukunftshirsch?“, denn einige ungarische Wörter verstand ich sehr wohl, und schüttelte den Kopf. „Wenn dieser abnorme Hirsch zu jung sein sollte, dann höre ich mit dem Jagen auf“, war mein etwas gereizter Kommentar.

Für den Abendansitz wurde mir ein anderer Jäger zugeteilt, nämlich Tibor höchst persönlich, was mir überhaupt nicht passte, da Julius, obwohl er noch sehr jung war, ein hervorragender aufmerksamer Pirschführer war. Silvia versuchte mich zu beruhigen und wies mich darauf hin, dass wir nun einmal im Ausland waren und dass es mir gar nichts nützen würde, wenn ich mich so aufregte. Tibor war der Meinung, der Hirsch ist jung, und ich war der Meinung, der Hirsch ist alt. Meine ganze Hoffnung lag nun darin, dass wir diesen abnormen Hirsch wieder in den Anblick bekommen und ich ihn frei zum Abschuss erhalten werde, dann würde ich denen schon beweisen, wie alt er tatsächlich war. Mit Tibor musste ich mit meinem Geländewagen abermals in einen anderen Revierabschnitt fahren. Mit dabei waren natürlich meine Frau Silvia und meine Dachsbracke Brina. Der Platz, zu dem uns Tibor brachte, entsprach jedoch ganz und gar meinen Vorstellungen. Herrlich verfärbte Laubbäume, soweit das Auge reichte, überhaupt im Ganzen betrachtet eine wunderschöne, friedliche Herbststimmung. Wir waren schon gut 15 Minuten auf dem Sitz – kein Hirsch war zu hören –, da begann ich mit der ersten Rufserie eines suchenden Hirsches. Prompt kam Antwort von einer jüngeren Stimme aus dem nahen Wald. Mit dieser kommunizierte ich längere Zeit, bis sich plötzlich auch eine alte Stimme meldete. Tiefer kurzer Bass, und danach war es wieder still. Meine Frau schaute mich sogleich an. Auch ihr kam diese Stimme bekannt vor.

Mit meinem Augenzwinkern und einem Kopfnicken gab ich ihr zu verstehen, dass auch ich ihrer Meinung war. Mein Herz begann vor Freude höher zu schlagen, denn mit etwas Glück würde sich der Abnorme uns bald zeigen. Ich imitierte sofort das Absprengen eines Hirsches, damals noch nicht so ausgereift wie heute, aber dennoch mit Erfolg. Der Alte schrie aus vollem Halse zurück, nur aus der Deckung kam er nicht. Immer wieder war zu vernehmen, dass er im Wald sein Kahlwild zusammentrieb. Tibor meinte: „bika kommt schon noch“. Die Abenddämmerung brach langsam herein, und der Hirsch röhrte nach wie vor konstant im Bestand. Nur mit dem Fernglas war es möglich, die Felder noch genau zu beobachten. Plötzlich stieß mich Tibor an und sagte: „Da – bika!“ Im Fernglas konnte ich den Spießer mit dem Kahlwild, der uns am Morgen in den Anblick gekommen war, erkennen. Der Abnorme aber wollte und wollte sich nicht zeigen.

Das kleine Rudel Rotwild hatte sich etwa 50 Meter vom Waldrand entfernt und bediente sich am Hirsefeld. Endlich wurde mein Wunsch erfüllt! Ein einzelnes Tier zog zum Rudel, gefolgt vom Abnormen. Er röhrte dem Tier mit voller Kraft hinterher. Mit freiem Auge war der Hirsch, der keine 150 Meter entfernt an uns vorüber zog, noch gut zu erkennen. Letzte Gewissheit aber gab mir mein Fernglas. Tibor konnte ein eindeutiges Ansprechen mit seinem Fernglas nicht mehr durchführen, und so fragte er mich: „Was für bika?“ Ich antwortete gelassen: „Ist nur Abschusshirsch“. „Bitte schießen Abschusshirsch“, antwortete er sogleich. Mehr wollte ich nicht hören. Ich richtete den Steyr Mannlicher im Kaliber 9,3 x 62, das Fadenkreuz hatte sein Ziel erfasst, und schon brach der Schuss. Der Hirsch machte einige Fluchten, verhoffte und röhrte weiter! Tibor flüsterte: „Bitte schießen, nicht getroffen“. So schoss ich ein zweites Mal, der Hirsch aber röhrte noch immer aus voller Inbrunst weiter. Jetzt meinte auch noch meine Frau: „Warum triffst du den Hirsch nicht“? Eine fremde Waffe zu benützen, ohne vorher einen Probeschuss abgegeben zu haben, ist nicht empfehlenswert. Bei Sepp war ich mir jedoch sicher, dass seine Gewehre immer eingeschossen waren, denn er pflegte seine Waffen vorbildlich. Ich entschied mich für einen dritten Schuss. Diesmal richtete ich das Fadenkreuz aber etwas höher auf den Wildkörper als bei den beiden vorangegangenen Schüssen. Schuss Nummer drei brach, und geblendet von Mündungsfeuer konnte ich für einige Sekunden überhaupt nichts mehr sehen. Tibor hatte genau die richtige Antwort für mich parat, die ich überhaupt nicht hören wollte, nämlich: „Daneben!“ Ich widersprach sogleich, nahm mein Fernglas zur Hand und suchte das Hirsefeld ab. Die Tiere und der Spießer sicherten in unsere Richtung, nur der Alte war nicht mehr zu sehen. Meiner Frau flüsterte ich nur zu: „Der MUSS liegen!“

Ich prägte mir die Stelle ein, an der ich den Hirsch zuletzt beschossen hatte. Alsbald entschlossen wir uns, zum vermeintlichen Anschuss zu gehen, denn Tibor war nach wie vor der Meinung, dass ich den Hirsch nicht getroffen hatte. Mit einer starken Taschenlampe, mittlerweile war es schon so dunkel geworden, dass an eine Schussabgabe gar nicht mehr zu denken war, leuchteten wir Schritt für Schritt (ausgehend vom Anschuss) das Hirsefeld ab. Schon nach kurzer Zeit vernahm ich den typisch scharfen Brunftgeruch in meiner Nase. Auch meine Dachsbracke begann wie wild an der Leine zu ziehen. Bereitwillig gab ich nach und folgte ihr. Schon nach kurzer Zeit waren wir – dank Brina – beim alten, abnormen, verendeten Hirsch angekommen. Ein herzliches Weidmannsheil von meiner Frau folgte, und auch Tibor gratulierte.

Ich war noch immer sehr aufgeregt und betrachtete die Trophäe eingehend. Der Hirsch hatte zwischenzeitlich auch noch seinen Augspross verloren. Höchstwahrscheinlich bei einem Kampf. Nun interessierte mich aber auch noch brennend, wie viele Einschüsse wohl auf dem Wildkörper zu finden waren. Zu meiner großen Freude konnte ich alle drei Schüsse einwandfrei ausmachen. Zwei davon auf dem Blatt und einer auf dem Hochblatt (Rückgratschuss). Schon des Öfteren habe ich festgestellt, dass Hirsche in der Brunft besonders zäh bzw. schusshart sind.

Nachdem wir den Hirsch nach zwei Stunden versorgt zum Jagdhaus gebracht hatten, erwartete uns bereits eine ungarische Jägerschar, um den Hirsch zu begutachten. Aber auch meine zwei Freunde, die wiederum

Meine Frau Silvia, Dachsbracke Brina und der Methusalem

kein Jagdglück gehabt hatten, warteten hier gespannt auf uns, da wir schon überfällig waren. Josef hatte einen guten Hirsch gefehlt, und Walter hatte an diesem Abend überhaupt keinen Anblick. Meine Freunde freuten sich ohne Neid mit mir über mein Weidmannsheil. Der Hirsch war im 16. Kopf, und das Geweih wog noch 6,9 kg. Einer der anwesenden Jäger sprach verhältnismäßig gut Deutsch. Er plauderte aus, dass ich diesen Hirsch eigentlich gar nicht hätte schießen dürfen. Tibor bestand nur deshalb darauf, dass er jung sei, weil dieser abnorme Hirsch für einen ungarischen Promi bestimmt war. Hätte man mir von Anfang an reinen Wein eingeschenkt, hätte ich mich nicht so auf diesen Hirsch versteift. Nachdem wir die halbe Nacht durchgefeiert hatten, blieben meine Frau und ich am Morgen im Bett. Sepp und Walter hatten auch an diesen Morgen kein Weidmannsheil – der Bodennebel hatte ihnen einen Strich durch die Rechnung gemacht. Beim Abendansitz war der heilige Hubertus gnädig mit Walter und beschenkte ihn mit seinem ersten Hirsch, der 9 kg Geweihgewicht auf die Waage brachte. Eigentlich sollte er nicht so schwer ausfallen, aber das Jagdfieber hatte schlussendlich gesiegt. Nur Sepp musste unverrichteter Dinge wieder nach Hause fahren.

Vor seiner Erlegung hatte er einen langen Augspross (siehe Skizze S. 123), den er im Kampf mit einem Rivalen abgebrochen hatte und der ihn so zum „Kronenspießer“ machte.

Alter reifer 18-Ender

Brunfthirsche

Gegen Mitte Oktober fand die jährliche Trophäenschau für alle erlegten Brunfthirsche in Szentpéterfölde, im Komitat Zala, für die Forstverwaltung Zalaerdö vor dem Jagdhaus auf der grünen Wiese statt. Dieses Komitat im Südwesten Ungarns ist hügelig und überdurchschnittlich bewaldet. Hier lebt der beste Rotwildbestand des gesamten Landes.

Insgesamt wurden in diesem Jahr 158 erlegte Hirsche einzeln auf Säulen präsentiert. Auf Tafeln waren das Gewicht, die CIC-Punkte, der Erlegungsort, das Erlegungsdatum und der Name des Erlegers verzeichnet. Davon wurden 36 Hirsche mit über 210 CIC-Punkten mit Gold, 39 mit Silber (ab 190 CIC) und 30 mit Bronze (ab 170 CIC) bewertet. Das durchschnittliche Geweihgewicht aller gezeigten Hirsche lag bei 7,21 kg und bei den Medaillen-Hirschen bei 8,49 kg.

Trophäenschau der Forstverwaltung Zalaerdö

Viele Hirsche, die in der Forstverwaltung Zalaerdö erlegt wurden, haben Weltruhm erlangt.

BRUNFTHIRSCH STATISTIK ZALAERDÖ

			Klassenzuordnung			Durchschnitt Trophäengewicht	
Jahr	**Erlegt Sept.**	bis 170 CIC	Gold	Silber	Bronze	Hirsche gesamt	Medaillen Hirsche
1995	**77**	27	9	27	14	7,61	
1996	**89**	21	14	36	18	7,76	8,48
1997	**77**	25	11	27	14	7,60	8,65
1998	**106**	25	13	34	34	7,60	8,40
1999	**113**	36	19	24	34	7,25	8,56
2000	**119**	47	12	29	31	6,84	8,33
2001	**121**	33	19	28	41	7,60	8,51
2002	**124**	33	23	27	41	7,47	8,66
2003	**151**	48	19	41	43	7,16	8,42
2004	**138**	50	15	39	34	7,00	8,39
2005	**151**	48	25	41	37	7,22	8,55
2006	**161**	52	22	44	43	6,91	8,17
2007	**164**	50	31	45	38	7,34	8,56
2008	**158**	53	36	39	30	7,28	8,70
Total	**1.749**	**548**	**268**	**481**	**452**		

Seit 20 Jahren weidwerke ich im Gebiet dieser Forstverwaltung und konnte feststellen, dass man „noch“ großen Wert auf Qualität, Altersklassenaufbau sowie auf die Entwicklung des Rotwildes im Allgemeinen Wert legt. Von der Forstverwaltung mit einer Jagdfläche von 76.933 ha und einem jährlichen Abschuss von ca. 270 Hirschen bekam ich die Daten der letzten 10 Brunftjahre für meine Statistik zur Verfügung gestellt.
Im Statistikzeitraum wurden jährlich im Monat September durchschnittlich 140 Hirsche erlegt. Dies entspricht ca. 50 % des jährlichen Hirschabschusses. Insgesamt habe ich 1.400 erlegte Brunfthirsche nach Brunfttagen ausgewertet (siehe nachstehend). Es gibt jedes Jahr andere Bedingungen, abhängig in erster Linie davon, wann die Tiere ihre Kälber zur Welt bringen. Warum dies jedes Jahr anders sein kann bzw. ist, kann schwer schlüssig beantwortet werden. Ob der Klimawechsel Einfluss auf das Brunftverhalten nimmt, ist von meiner Seite aus noch nicht feststellbar. Die Natur und die Tierwelt haben ihre eigenen Regeln, da bin ich mir sicher.

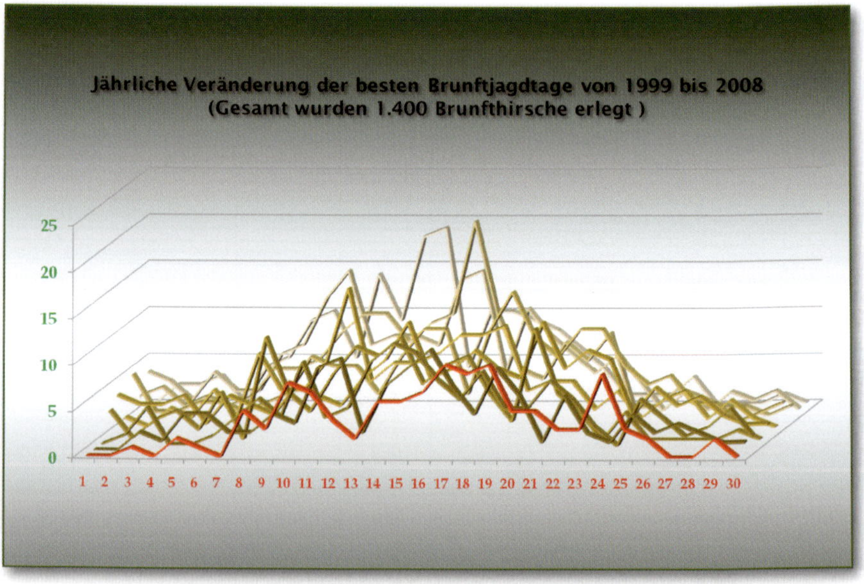

Diese Statistik sagt sehr viel über die Veränderungen bei den erfolgreichsten jährlichen Brunftjagdtagen (1999 bis 2008) aus.

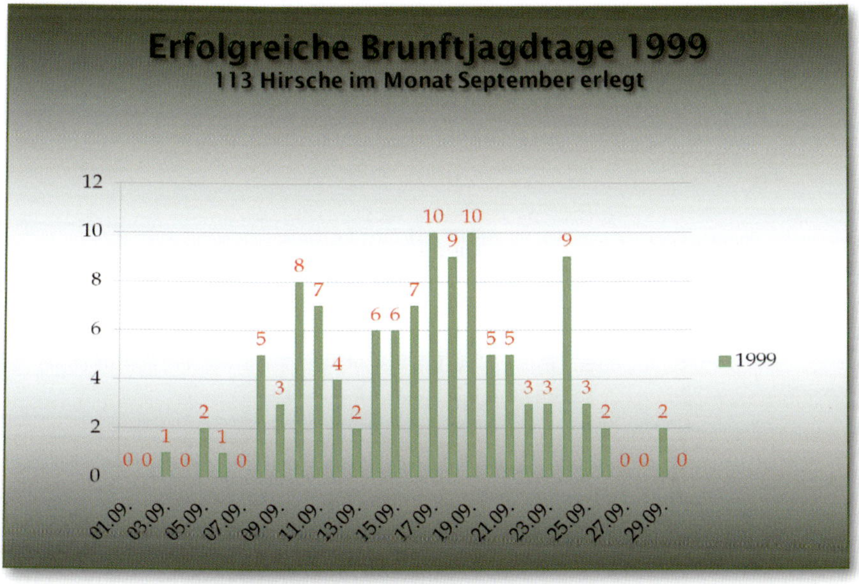

Zwischen 17. und 19. September lagen die erfolgreichsten Brunftjagdtage.

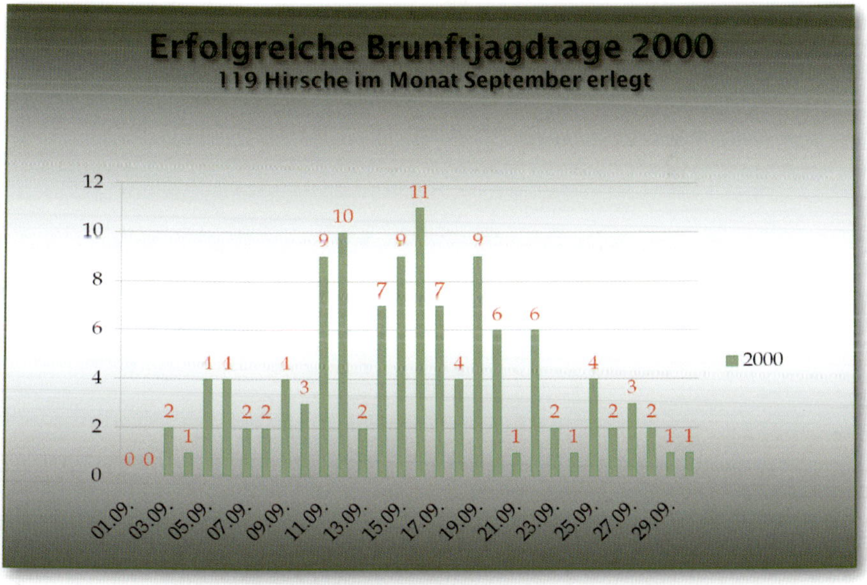

Die besten Brunftjagdtage waren der 11., 12., 15., 16. und 19. September

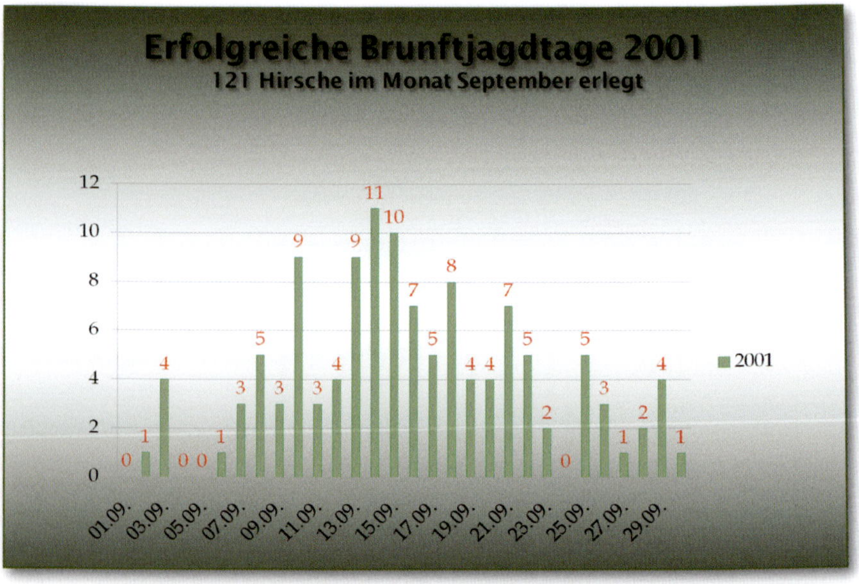

Erfolgreichste Tage: 13.-15. September

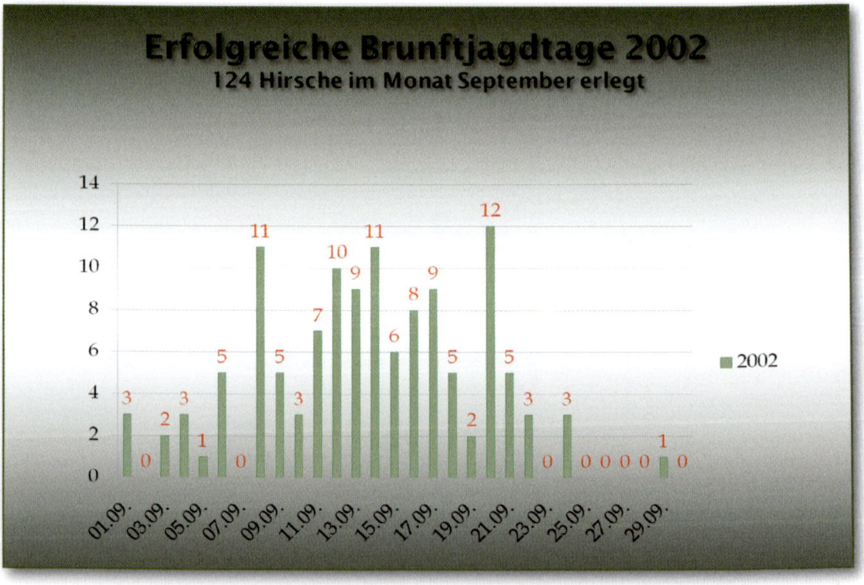

In diesem Jahr gab es starke Schwankungen im Brunftjagderfolg.

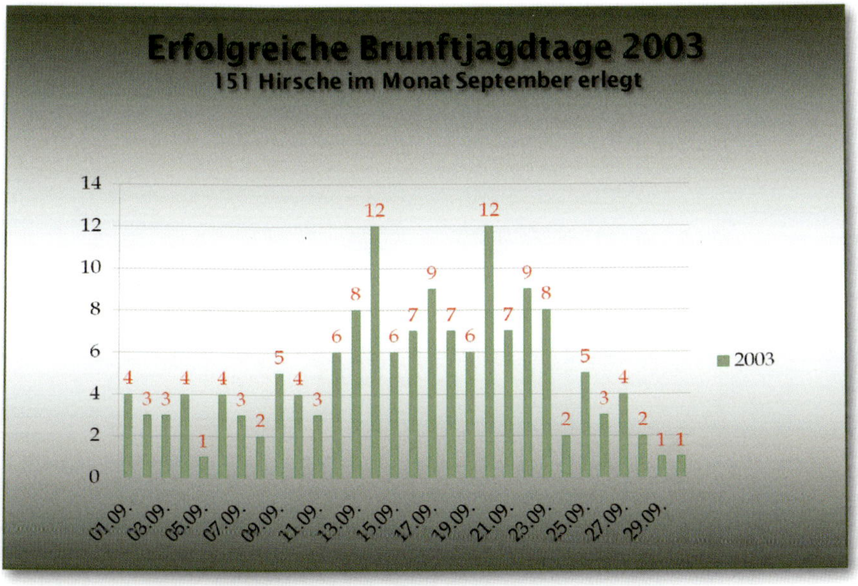

Ab diesem Jahr wurde vermehrt in der Brunft gejagt.

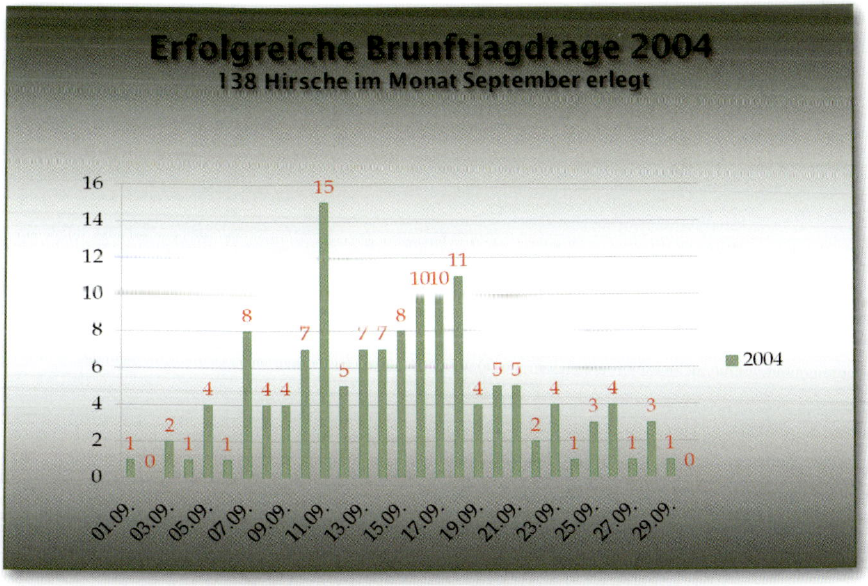

Ansteigender Brunftverlauf bis 19. Sep., danach starker Rückgang des Brunftgeschehens.

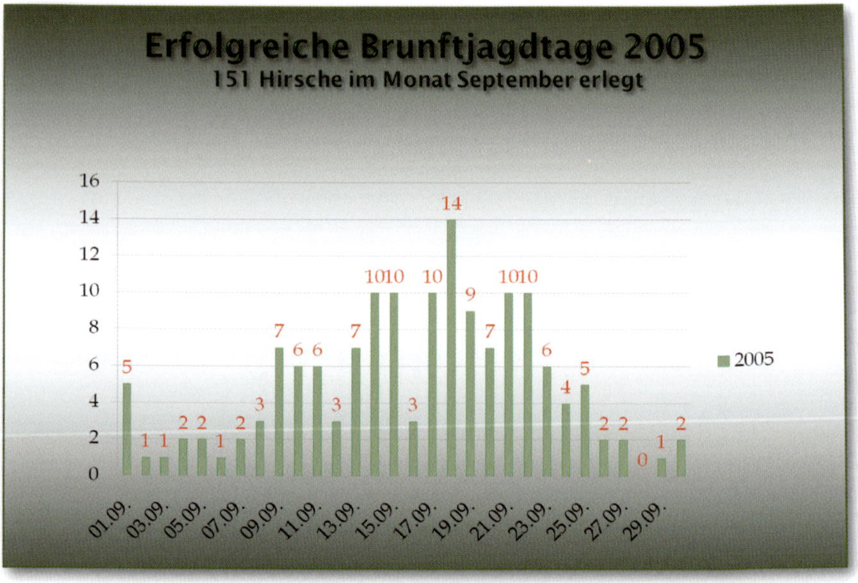

Das Brunftgeschehen war übers Monat gut verteilt.

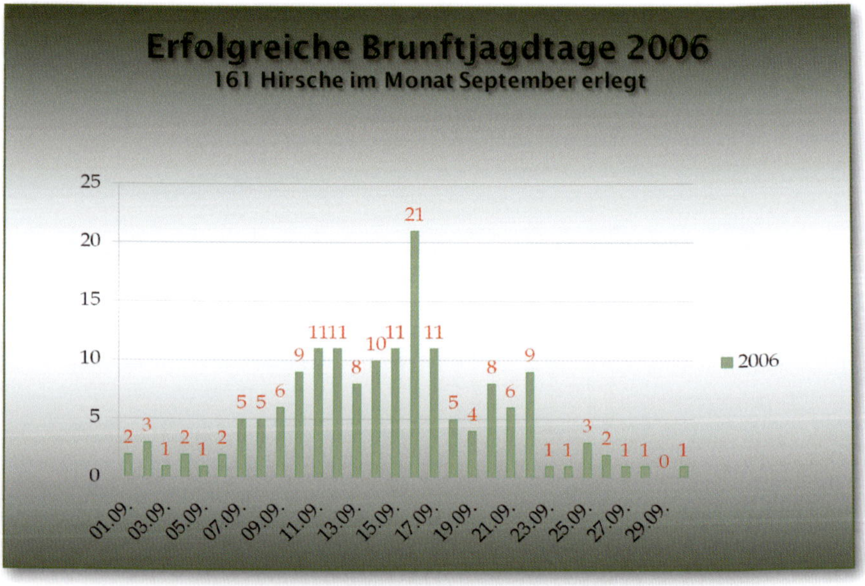

Es wurden am 16. September 21 Hirsche erlegt.

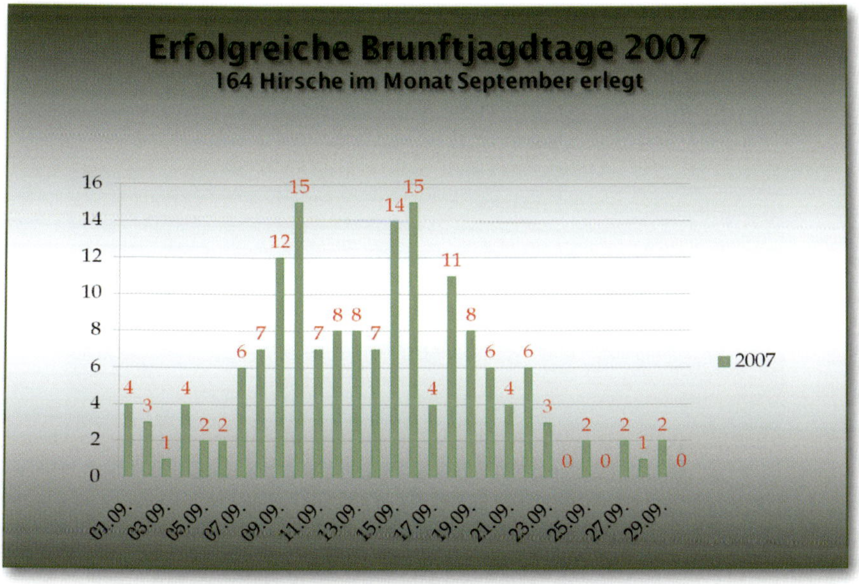

Dies war das beste Jahr, seit es Brunftaufzeichnungen gibt.

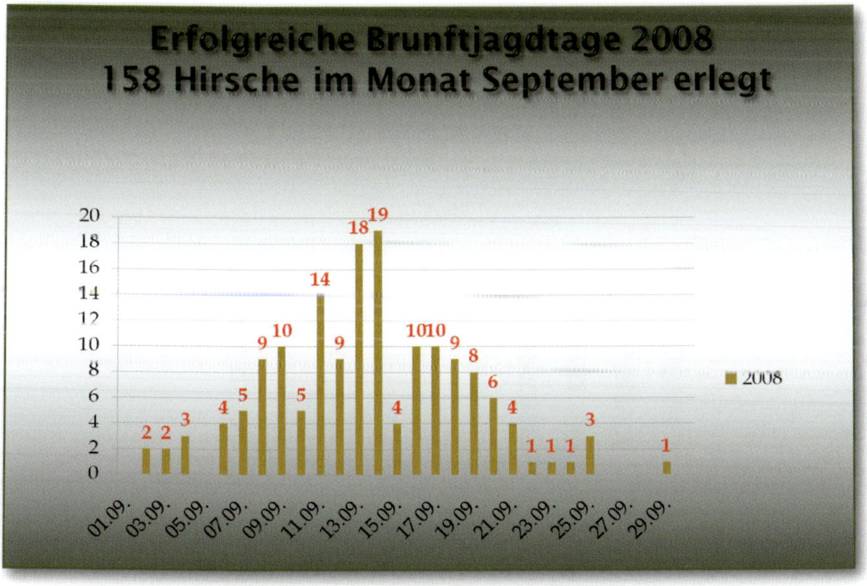

Es wurden in nur 2 Tagen (13. + 14.09.) 37 Brunfthirsche erlegt.

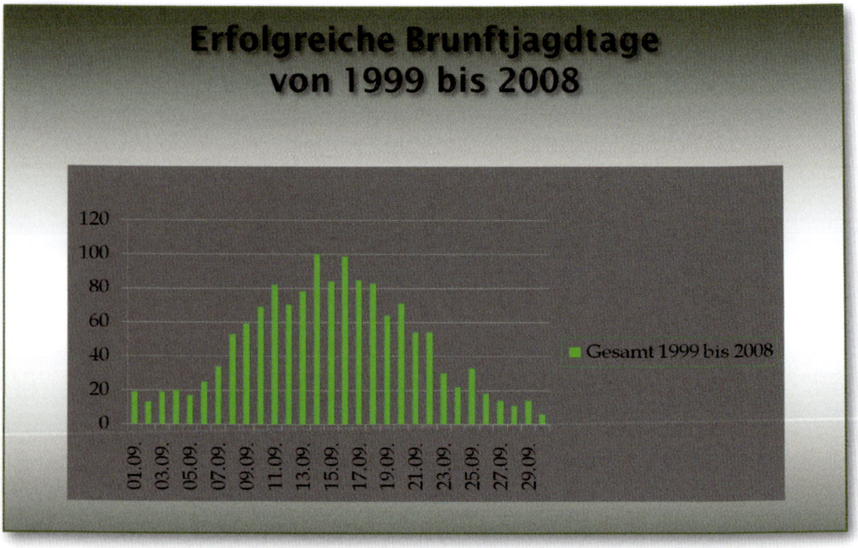

Nur in den Monaten September wurden von 1999 bis 2008 insgesamt 1.400 Brunfthirsche erlegt. Die meisten Hirsche wurden in diesem Zeitraum am 14. und 16. September erlegt.

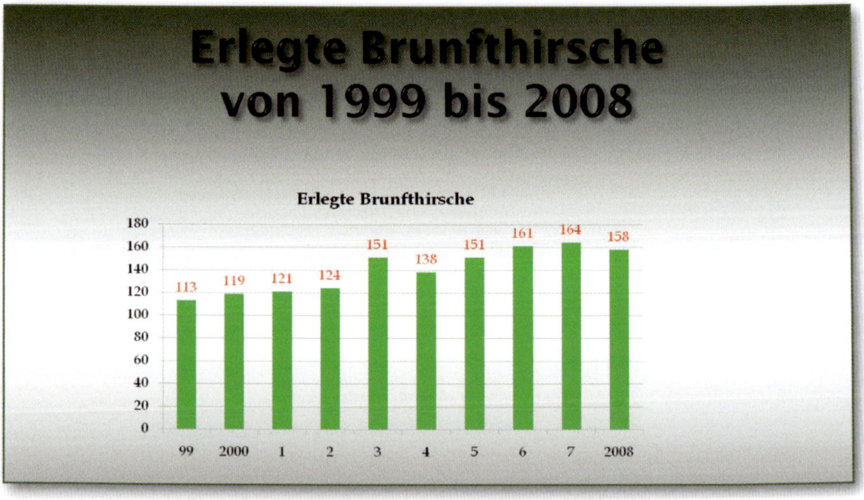

In den letzten Jahren wurde vermehrt in der Brunft gejagt. Man sieht dies auch am Erfolg. Mehr als 50 % des gesamten jährlichen Hirschabschusses wurde im Monat September getätigt.

Forstingenieur Tamás Hopp, Generaldirektor Otto Feiszt und das neue Jagdhaus.

Reifer zustehender Hirsch am 19. September vor 18.00 Uhr

Nachbrunft

Einige hundert Jägerinnen und Jäger aus dem In- und Ausland waren zu diesem interessanten jährlichen Event auf die grüne Wiese gekommen. Im Anschluss an die Trophäenschau wurde das neue Jagdhaus in Szentpéterfölde von Ottó Feiszt, dem Generaldirektor der Forstverwaltung, feierlich eröffnet. Mit meinem Jagdfreund fuhr ich nach dem zeremoniellen Teil ins Jagdrevier, das auch zur Forstverwaltung Zalaerdö gehört. Jagdlich gekleidet, ging es am späteren Nachmittag ins Au-Revier. Durch den Bau der Autobahn, die durchs Revier führt, wurden viele Fernwechsel für das Rotwild unterbrochen. Nur von Osten her war ein Zuziehen zu den alten Au-Brunftplätzen noch möglich, denn von Westen her unterbrach ein sicherer Zaun diese Wechsel.

Es war wieder einmal eine herrliche Abendstimmung, die Vögel meldeten sich noch, Frösche gaben ihr Bestes, und die Sonne verschwand langsam am Horizont. Dass ein Hirsch um diese Zeit im Au-Revier noch röhrt, kommt eher selten vor, da die Brunft unter normalen Umständen mit Ende September abgeschlossen ist. Allerdings, laut Aussagen der Berufsjäger, sollten die Hirsche in diesem Jahr auch um diese Zeit noch gut röhren. Durch die Veränderungen der Umwelt (Autobahnbau) und Unterbrechung der natürlichen Wechsel hatte sich in diesem ersten Jahr nach der Autobahn-Eröffnung auch das Brunftverhalten gewaltig verändert. Alte Hirsche kamen kaum – wie früher – nach der Feistzeit in die Au zu ihren Brunftplätzen zurück. Dies könnte auch ein Grund dafür sein, warum sich die Brunft diesmal so in die Länge zog. In diesem Revierteil wird es wohl Jahre dauern, bis man das Verhalten des Rotwildes wieder in den Griff bekommen wird bzw. bis das Rotwild wieder zu den gewohnten Verhaltensweisen zurückfindet. Langsam neigte sich der Tag dem Ende zu und der Halbmond bezog Stellung am Himmel, als ein Spießer, aus dem abgeblühten Goldrutenfeld kommend, vor uns vorbei zog. Ein Fuchs, der auf Nahrungssuche war, kam uns auch besuchen, und nach einiger Zeit folgte noch eine starke Rehgeiß mit einem Kitz.

Suchender müder Hirsch

Einige Tiere zogen auch wie bei einer Parade keine 50 Meter vor uns Richtung Wildacker. Aus dieser Richtung war uns auch schon ein tief röhrender Hirsch aufgefallen. Ein zweiter gesellte sich mit seiner Stimme dazu. Die Stimmen, die ich vernahm, klangen müde. Kein Wunder nach dieser lange andauernden Brunft. Natürlich wollten wir wissen, welche Hirsche hinter diesen Stimmen stecken, und so kamen wir überein – da es durch das Mondlicht nicht wirklich finster wurde –, unseren Standort zu wechseln und zu sehen, was sich am Wildacker so abspielte.

Ein älterer Platzhirsch mit langen mächtigen Stangen, ein junger Beihirsch, und ein Spießer standen mit 18 Stück Kahlwild am Wildacker. Der Platzhirsch röhrte immer wieder kurz und hielt sein Kahlwild zusammen. Wann immer ihm der Beihirsch zu nahe kam, sprengte er ihn ab und kehrte langsam mit tiefem Haupt zurück zum Rudel. Er war schon sichtlich schwer gezeichnet von der Brunft. Seine Bewegungen waren schwerfällig, sein Wildkörper abgebrunftet und seine Stimme träge. Dieses Schauspiel spielte sich keine 30 Meter bei extrem gutem Mondlicht vor uns ab. Plötzlich fing ein Reh neben uns zu schrecken an. Das Leittier zog es vor, langsam von uns wegzuziehen, das gesamte Kahlwild einschließlich der Hirsche folgte ihm. Mit etwas Abstand röhrte der Platzhirsch dem Kahlwild hinterher.

Nachdem die Bühne für uns leer war, traten auch wir unseren Rückzug an. Ich hätte gerne mit dem Hirsch kommuniziert, aber dies war nicht möglich, da ich meine Instrumente zum Rufen zu Hause vergessen hatte. Im Jagdhaus angekommen, erwarteten uns die Hirsche von der Trophäenschau aus diesem Revierteil im Speisesaal auf neuen Staffeleien aufgebaut. Den Abend verbrachten wir – nach einem stärkenden Abendessen – bei einer Flasche gutem französischen Rotwein.

Am nächsten Morgen weckte ich meinen Freund um 5.00 Uhr, und eine halbe Stunde später waren wir wieder mit dem Berufsjäger unterwegs Richtung Au. Wir hatten geplant, den alten Hirsch vom Vorabend auf der anderen Seite vom Hügel bei seinem Rückzug in den Bestand abzufangen. Auf dem Hügel stand fast majestätisch eine kleine Kirche. Von dieser hörten wir um 6.00 Uhr die Morgenglocken. Es war noch dunkel, und ich nützte die Gelegenheit für eine stille Morgenandacht. Nebelschwaden zogen über die frisch angewachsenen (mit einer Zwischenfrucht) Felder. Gegen 7.00 Uhr kamen drei Füchse vorbei. An eine Schussabgabe haben wir nicht gedacht, denn wir hatten schon ganz in der Nähe einen röhrenden Hirsch vernommen. Der Stimme nach konnte es nur jener vom Vorabend sein.

Über dem Bodennebel erschien ein Spießer, der aber wieder im nahe gelegenen Wald verschwand. Immer wieder vernahmen wir diese interessante Stimme, aber der Hirsch dazu präsentierte sich uns nicht. An ein Anpirschen war in diesem verwachsenen Gebiet gar nicht zu denken, und so baumten wir um 9.00 Uhr wieder ab. Nach dem Frühstück faulenzten wir bis zum Mittagessen und dann wieder bis etwa 16.00 Uhr. Am Abend versuchte es mein Freund abermals auf den Hirsch vom Vorabend. Ich zog es allerdings vor, in der Nähe des Jagdhauses auf einen Stand zu gehen. Begleitet wurde ich dabei von Franz, dem Berufsjäger. Der Sitz lag in einem Kessel mit einem Wildacker im Ausmaß von ca. 2 ha mit einer kleinen Schlamm-Wasser-Suhle und war zur Gänze von Mischwald umschlossen. Keine zehn Minuten waren wir auf dem Sitz, da meldete sich ein Hirsch weit oberhalb

Nicht immer hat man das Glück auf so einen kapitalen Keiler.

von uns am Berg. Er meldete beständig bis zum Einbruch der Dunkelheit. Anblick hatten wir jedoch nur auf zwei Tiere und zwei Kälber. Schon in der Hauptbrunft hatte mir an eben dieser Stelle ein alter Hirsch das Leben schwer gemacht, denn wir hatten ihn zwar gehört, aber nie zu Gesicht bekommen. Die Kälber hatten ihren Spaß in der Suhle, und nach einiger Zeit verschwand auch diese kleine Gruppe wieder. Der Mond leuchtete angenehm den Wildacker aus und spiegelte sich in der Suhle wider. An diesem Abend herrschte eine angenehme Temperatur, und so entschlossen wir uns, noch etwas länger sitzen zu bleiben und zu beobachten, was sich so in der Dunkelheit in und um den Wildacker herum so abspielt. Meine Hirschrufe hatte ich vergessen, aber mein Saulocker ist das ganze Jahr über im Rucksack, da er kaum Platz wegnimmt.

Abermals erschien ein Tier mit einem Kalb bei der Suhle und trottete dann weiter zum Wildacker. Auch zwei prächtig starke Dachse machten sich bemerkbar. Zwischendurch vernahmen wir immer wieder den am Berg stehenden Hirsch. Es war schon gegen 19.00 Uhr, als das Tier mit seinem Kalb weiterzog. Mit meinem Saulocker versuchte ich eine Serie einer vertrauten Bache. Keine 10 Minuten vergingen, da kam auch schon ein Wildschwein aus dem Wald und bewegte sich langsam in unsere Richtung. Es blieb kurz stehen und verhoffte. Im Fernglas konnte ich einen starken Keiler erkennen. Kurz darauf lag er auch schon im Feuer. Franz zeigte sich erstaunt, dass ich auch Wildschweine locken konnte. Über ein Jahrzehnt habe ich ein Wildschweingatter betreut und mir dabei die verschiedenen Laute dieser wehrhaften und intelligenten Wildart eingeprägt und diese auch nachzuahmen versucht.

Franz holte das Fahrzeug für die Bergung. An diesem Abend hatte auch mein Freund in der Au sehr viel Anblick, nur der Bodennebel machte ihm einen Strich durch die Rechnung. Den Hirsch vom Vorabend bekam er zwar in den Anblick und er röhrte auch gut, nur der Wildkörper blieb vom Bodennebel so eingehüllt, dass er keinen Schuss abgeben konnte. Mein Freund aber freute sich mit mir über meinen Jagderfolg.

In der Nacht beobachtete mich der Mond in meinem Bett und das Zimmer war dementsprechend ausgeleuchtet. Am nächsten Morgen versuchte ich mit Franz den Hirsch, der am Abend am Berg gemeldet hatte, zu bejagen. Unser Fahrzeug stellten wir mitten in einer Schneise vor dem Bergrücken ab und pirschten 300 Meter zu einem Hochstand. Dieser lag direkt am Rückwechsel des Wildes von der Wildwiese in den Tageseinstand. Trenzend meldete sich ein Hirsch von der Wildwiese, die für uns nicht einsehbar war. Immer näher kam die Stimme, plötzlich schreckte ein Tier, und wir hörten nur mehr das Wegbrechen des Rotwildes.

Die Stimme des Hirsches und eines Waldkauzes verstummten noch vor Tagesanbruch. Mittlerweile hatten wir schon gutes Büchsenlicht, denn die ersten Sonnenstrahlen, die den Morgenfrost glitzern ließen, bedeckten bereits die herrliche Herbstlandschaft. Den Forstweg, der am Grat entlang führte, pirschten wir Richtung großen Schlag, der 300 Meter von uns entfernt war. Am Schlagrand angekommen, stiegen wir auf den ersten Sitz. Unter uns eine bereits verfärbte Rehgeiß, ansonsten war kein Stück Wild zu sehen. Wir entschieden uns noch einmal für einen Standortwechsel auf einen Sitz, der weitere 400 Meter vor uns am Grat seinen Platz hatte. Beim

In dieser Vegetation ist es nicht einfach zu jagen.
Eine Nachsuche gestaltet sich entsprechend schwieriger.

Pirschen kamen uns viele frische Rotwildfährten in den unterschiedlichsten Stärken unter. Ich stieg auf den Sitz, legte meinen Rucksack ab und erblickte keine 30 Meter von mir entfernt ein Tier und ein Kalb, die langsam vertraut von mir wegzogen und sich nebenbei immer wieder an den Blättern der reichlichen Vegetation labten. In meinem Rucksack suchte ich nach meinem Fotoapparat, um die beiden zu fotografieren. Ihre Position war jedoch nicht gerade gut, und so verwendete ich den Verständigungsruf des Kahlwilds, indem ich die Nase leicht zuhielt und ein „ÄAng" wiedergab, um somit ihre Position vielleicht verändern zu können.

Das Tier reagierte sofort und drehte sich zu mir, und auch das Kalb hatte jetzt eine bessere Position für eine gute Aufnahme eingenommen. Ich war so vertieft ins Fotografieren, dass ich ganz übersehen hatte, dass sich auf mein Mahnen hin ein Hirsch von unten zum Hochstand bewegte. Nachdem ich meine Nikon zur Seite gelegt hatte, sah ich, wie der Hirsch zum Sitz her verhoffte. Ein interessanter ungerader Sechser war da vor mir aufgetaucht. Auf der rechten Seite keinen Augspross, auf der linken Seite nur einen kurzen. Ein typischer Abschusshirsch stand da vor mir, jedoch angespannt auf dem Stich und bis zum Träger von Buchenjungsträuchern verdeckt. Mit meinem Bergstutzen im Kaliber 270 Win. setzte ich die Kugel auf den Stich ab. Einen dumpfen Kugelschlag hörte ich, und der Hirsch zog langsam und schwer gezeichnet nach unten weg und verschwand in einer Bodennebelwand im Graben.

Franz hatte mich von der Hochstandleiter aus beobachtet. Der Anschuss war in der hohen Vegetation – Dornen, Goldruten, Buchen- und Eichensträucher – nicht zu finden. Nach einiger Zeit des Suchens brachen wir ab und holten einen Bayrischen Gebirgsschweißhund zu Hilfe. Dieser stellte den Hirsch nach 600 Metern im nächsten Graben. Er wurde mit einem Fangschuss erlöst. Einen Hirsch auf den Stich zu beschießen, ist immer ein Wagnis, das weiß ich, aber in dieser Situation hatte ich mich zu diesem waghalsigen Unterfangen hinreißen lassen. Und wieder wurde ich eines Besseren belehrt, es in Zukunft doch zu unterlassen. Ich freute mich aber doch sehr über diesen Abschuss. Auch mein Freund hatte in der Au noch eine lebhafte Brunft an diesem 10. Oktober erlebt, Abschusshirsch war jedoch keiner dabei. In Ungarn ist bei normalen Verhältnissen das Brunftgeschehen Ende September abgeschlossen. Wenn jedoch größere Eingriffe – Fernwechsel-Unterbrechung usw. – in die Natur vorgenommen werden, dauert es einige Zeit, bis der normale Brunftzyklus wieder eintritt.

Mein langjähriger Jagdfreund Max in jungen Jahren mit einem Jagdgast nach der Erlegung eines kapitalen Brunfthirsches

Der neue Sitz

An einem 9. September fuhr ich zu unserem Jagdfreund Max, bei dem ich einen guten Brunfthirsch frei hatte. Max verwaltete als Berufsjäger seit über 30 Jahren ein etwa 5.000 ha großes Revier auf 1.000 m Seehöhe. Gleich nach der Ankunft und Begrüßung ging es ins Revier. Bei der Fahrt zum Hochstand erzählte mir Max, dass die Brunft schon sehr gut verlaufe. Vor dem Hochstand lag eine Wiese mit einer Länge von über 500 Metern, die von Tannen-, Fichten- und Buchenwald umgeben war. Im Wiesenbereich gab es kleine und größere Birken- und Erlengruppen. Bereits nach 10 Minuten Anwesenheit zogen zwei Spießer vom Wald vor uns auf 40 Meter in Richtung Wiese. Am Ende der Wiese, auf ca. 500 Meter, erschien ein Rudel Kahlwild mit einem nicht schussbaren Zukunftshirsch, der anständig Lebenszeichen – ich meine, er röhrte – von sich gab. Von der anderen Seite zog ein Achtender im 5. Kopf mit 4 Stück Kahlwild vom Wald auf die Wiese. Immer mehr Kahlwild gesellte sich zur Gruppe, gefolgt vom einen oder anderen röhrenden Hirschen. Bis zum Einbruch der Dunkelheit zählten wir über 40 Stück Rotwild auf der großen „Brunftwiese". Wir vernahmen auch zwei entferntere Hirschstimmen, die aber immer näher kamen.

Für den Rest des Abends blieb es bei der vollen Bühne, auf der die Darsteller ständig wechselten, aber ein Abschusshirsch war nicht darunter. So entfernten wir uns nach Einbruch der Dunkelheit vorsichtig vom Stand, damit uns ja kein listiges Tier wahrnehmen konnte. Beim Abendessen besprachen wir unsere Strategie für den nächsten Tag. Um 5.00 Uhr war Tagwache und auf ging es zum Sitz, der 100 Meter vom Hauptwechsel Richtung Einstand stand. Nach dem Aufbaumen hörten wir verschiedene mächtige Stimmen vom Brunftplatz her, der in einem langgezogenen Kessel lag. Plötzlich meldete sich mit tiefer Stimme ein Hirsch in unserer unmittelbaren Nähe, nämlich unter uns.

Es war noch so dunkel, dass wir den Hirsch, der röhrend am Rückwechsel an uns vorbei zog, nicht ansprechen konnten. Nachdem bereits Schusslicht herrschte, zeigten sich uns weitere neun Stück Kahlwild mit einem jungen

Kronenhirsch, die aber alle bald wieder im Hochholz verschwanden. Oberhalb von uns, im Bestand, röhrte ein weiterer Hirsch aus vollem Halse mit einer sehr tiefen Stimme. Die Blicke von Max und mir trafen sich, unsere Gedanken mussten wohl dieselben gewesen sein. Ich gab dem Hirsch mit meiner Tritonmuschel ständig Antwort, er kam jedoch keinen Schritt näher und meldete immer von derselben Stelle aus. So gegen 9.00 Uhr gaben wir auf und fuhren zum Frühstück zurück ins Jagdhaus.

Beim Frühstück erzählte mir Max, dass er die Stimme des Hirsches von vorhin schon seit ein paar Jahren kenne, diesen Hirsch aber immer nur in der Brunft ausmache. Dass Hirsche gerade in der Brunft weite Strecken zurücklegen, ist ja bekannt. In diesem Revier wurde mittels markierter Hirsche festgestellt, dass diese in der Brunft oft bis zu 40 km von einem Standort zum anderen wechseln. Speziell, wenn sie suchend nach brunftigen Tieren unterwegs sind. Nach dem Frühstück betonierten wir bis zum Nachmittag einen Rübenbunker fertig, den Max bei einer zentralen Fütterung für das Rotwild errichtete. Auch an diesem Abend war – sowohl in den Einständen als auch auf der langen Brunftwiese – die Hölle los. Die Hirsche schrien, orgelten und röhrten. Meine Stimme aus der Tritonmuschel ging an diesem Abend unter den gut 20 (!!!) verschiedenen Hirschstimmen, die wir zu hören bekamen, unter. Und so versuchten wir es am nächsten Morgen wieder am Rückwechsel, aber leider wiederum ohne Erfolg.

Am darauf folgenden Nachmittag waren wir schon zeitig auf dem Hochstand, den Max als Aussichtsturm bezeichnete. Die erste Leiter ging bis zu einem Zwischendeck, danach führte eine zweite sehr steil nach oben zum Sitz. Die ganze Konstruktion, von unten betrachtet, war nicht gerade vertrauenserweckend, und so mancher Jagdgast hatte da schon beim Hinaufsteigen gezögert. Von ganz oben hatte man aber einen herrlichen Rundumblick und das ganze Tal lag uns zu Füßen. Der Ausblick entschädigte wiederum ausreichend für eventuelle Bedenken. Dieser Sitz diente ausschließlich für Beobachtungszwecke. Man konnte aus der Vogelperspektive genau verfolgen, aus welcher Richtung das Wild kam.

Die Sonne war noch hoch am Himmel, da erschienen auf gut 400 Meter drei Tiere und ein Kalb, die zum Hauptbrunftplatz zogen und unterwegs

Aufmerksame Tiere und Kälber

immer wieder zur Äsungsaufnahme inne hielten. Einige Hirschstimmen waren im Umfeld auch zu vernehmen. Nachdem sich die 4er Gruppe gut 10 Minuten vertraut am Brunftplatz bewegt hatte, erschien am Waldrand ein weiteres starkes Stück Rotwild, das Richtung 4er-Gruppe zog. Im Fernglas sprach ich einen starken Hirsch an. Das Spektiv gab mir noch genauere Informationen. Es handelte sich um einen ungeraden Kronenzwölfer. Da vernahmen wir auch schon die bekannte Stimme aus seinem Äser. Wir baumten sehr schnell – ohne aber größeren Lärm zu verursachen – ab und versuchten, den Hirsch röhrend anzugehen. Der Wind war auf unserer Seite, es herrschte konstanter Gegenwind.

Das letzte Stück bis zu einer sicheren Schussabgabe legten wir wegen der Tiere, die „überall" Lichter haben, teilweise kriechend am Boden zurück. Hinter einer kleinen Birkengruppe suchten wir Deckung. Vorsichtig erkundeten wir die Gegend mit dem Fernglas. Der gesuchte Hirsch war wie vom Erdboden verschluckt. Nicht einmal sein Röhren war mehr zu vernehmen, das er – bevor wir unsere Position erreicht hatten – eingestellt hatte. Einige röhrende Abschuss- und Zukunftshirsche sahen wir noch bis zum Einbruch der Dunkelheit, aber die Entscheidung war schon gefallen. Ich wollte nur den ungeraden Kronenzwölfer erlegen.

Bei der Jagd stelle ich mich gerne Herausforderungen. Abschüsse, die sich so leicht ergeben, reizen mich nicht. Je mehr ich gefordert werde, je verzwickter die Situation, desto größer ist für mich das Erlebnis. Aber auch am nächsten Morgen war mir „Diana" nicht gnädig. Wir hörten den ausgewählten Hirsch zwar und ich gab ihm auch ständig Antwort, aufgrund des unwegsamen Geländes kamen wir jedoch nicht an seinen Einstand heran.

Beim Frühstück machte ich Max den Vorschlag, dass wir am Talanfang doch einen Sitz bauen könnten, um den Hirsch beim Auswechseln früher abzufangen. Provisorisch am Boden einen Sitz zu bauen, wäre wegen der Geländebeschaffenheit vergeudete Zeit und Mühe gewesen. Max antwortete prompt mit einem: „Warum nicht!". Er selbst hatte schon im Vorjahr die

Auf den Ruf zustehender Hirsch

Blieb röhrend ungünstig hinter einem Baum stehen

Idee dazu, nur es fehlte ihm an Zeit. Er freute sich sogar, dass er nun noch einen Gehilfen bei der Arbeit hatte. Max rief auch noch einen seiner Freunde an und lud ihn ein, uns zu unterstützen. Um 10.00 Uhr waren die Arbeiten schon so weit fortgeschritten, dass wir bereits die beiden Stangen für die Leiter aufstellten. Dies war kein leichtes Unterfangen, denn wir hatten lange Stangen für die Leiter gewählt, damit auch ein wirklich guter Ausblick gewährleistet war. Danach nagelte ich die 22 Sprossen auf den beiden Stangen an und anschließend den Boden und die Umrandung (mit Rundlingen) für den Sitz. Der Sitz wurde noch mit frischem Tannen- und Fichtenreisig getarnt. Max musste uns schon nach Mittag verlassen, da er einen Gast erwartete.

Als wir mit dem Sitzbauen fertig waren, hörten wir im Umfeld bereits einige Hirsche röhren. Es war also höchste Zeit zum Ansitzen. Mein Helfer und ich fuhren rasch zum Jagdhaus zurück, stärkten uns noch schnell mit einer kräftigen Suppe, die uns Maxens Frau zubereitet hatte, und schon war

Der hl. Hubertus war wieder einmal gnädig.

ich wieder auf dem Weg zum neuen Hochsitz. Meine Hände waren noch pechverschmiert, denn es hatte mir sogar die Zeit gefehlt, sie gründlich zu reinigen. Das musste bis nach dem Abendansitz warten. Ich war also alleine unterwegs, denn Max musste sich an diesem Abend um seinen anderen Gast kümmern. Müde vom Sitzbauen nickte ich kurz auf dem neu errichteten Hochsitz ein. Als ich wieder erwachte, schrien bereits einige Hirsche im Umfeld und zu meiner Freude war auch die alte tiefe Stimme dabei. Mit meiner Muschel griff ich ins Konzert ein. Als ich die Muschel wieder beiseite legte, zog auch schon auf 200 Meter rechts vor mir ein Leittier aus dem Bestand und verhoffte eine Zeitlang prüfend. Danach folgten einige Tiere, Kälber und junge Hirsche. Nur der ungerade Kronenzwölfer röhrte nach wie vor im Bestand und kam nicht zum Vorschein. Ich versuchte es mit dem Sprengruf, um zu sehen, wie er darauf wohl reagieren würde. Da erreichte die begehrte Stimme aus dem Einstand wieder mein Ohr, und ich konnte feststellen, dass er sich auf das Kahlwild zubewegte.

Und da erblickte ich ihn auch schon in seiner vollen Pracht! Er trieb einen jüngeren Hirsch vor sich her. Mit dem Fernglas bestätigte ich nochmals meine Wahrnehmung vom Vorabend und richtete mich zusammen, in der Hoffnung, ihn bald in einer guten Position im Zielfernrohr zu haben. Es dauerte jedoch noch ca. 5 Minuten, bis der Hirsch endlich frei da stand. Als mein Fadenkreuz am richtigen Platz war, ließ ich meine Ferlacher Seitenschloss-Kipplaufbüchse im Kaliber 300 Win. Mag. sprechen. Der Schuss war gelungen, denn der Hirsch zeichnete und blieb nach einigen Fluchten verendet im Gras liegen. Glücklich verharrte ich alleine, ohne mit jemandem mein Jagdglück teilen zu können, noch eine Zeitlang auf dem Sitz. Nach dem letzten Bissen und dem Inbesitznahmebruch steckte ich mir mit Stolz den Beutebruch auf meinen Hut. Danach fuhr ich mit meinem Geländewagen noch bei gutem Licht zurück zum Jagdhaus. Hier fand ich noch immer meinen Gehilfen vom Sitzbauen, der etwas verdutzt fragte, warum ich denn schon wieder zurückgekommen sei. Die Freude war auch bei ihm groß, als ich ihm von meinem Weidmannsheil berichtete. Er zeigte sich fast stolz, dass er beim Bauen des Sitzes geholfen und dieser schon nach so kurzer Zeit so gute Dienste geleistet hatte. Gemeinsam fuhren wir dann mit dem Traktor, den wir auch schon zum Sitzbauen eingesetzt hatten, zum Hirsch.

Wir hatten große Mühe, den Hirsch zu zweit auf dem Hänger zu verfrachten, und fuhren nach getaner Arbeit zurück zum Jagdhaus, wo der Hirsch aufgebrochen und versorgt wurde. Generell wird nur beim Jagdhaus aufgebrochen, da Max die Aufbrüche gezielt wieder verwendet. Auf die Waage brachte der Wildkörper, aufgebrochen, stolze 154 kg.

Max hatte an diesen Abend mit seinem Gast auch Erfolg, freute sich aber ganz besonders mit mir über meinen Abschuss. Bei Max hatte ich die Möglichkeit, über viele Jahre alleine oder aber auch mit seinen Gästen die Hirschbrunft mitzuerleben. Er hatte volles Vertrauen in meine Person, und ich habe dieses Vertrauen auch nicht enttäuscht.

Gut veranlagter ungerader Gabler (einjährig)

Ansprechen

Das Ansprechen eines Brunfthirsches ist nicht immer leicht. Es hängt ganz von der jeweiligen Situation ab, wo, wann und wie man dem Hirsch begegnet. Gerade beim Entgegenröhren oder bei dem Versuch, den Hirsch vom Rudel mittels Vortäuschen des Sprengrufes wegzulocken, bleiben oft nur ein paar Sekunden, um ihn anzusprechen. Zweifelt man, ob der zustehende Hirsch richtig oder falsch ist, sollte man es besser sein lassen. Aber gerade das blitzartige Ansprechen ist sehr oft erforderlich, ob er sehr alt, oder doch alt genug ist, oder ob es sich von Haus aus um einen Abschusshirsch handelt. Wenn man nicht ständig mit dem Rotwild befasst ist, wird man sich wesentlich schwerer tun. Junge und alte Hirsche sind leicht anzusprechen. Problematisch wird es bei Hirschen im fortgeschrittenen „Mittelalter". Ich meine so vom 8. – 10. Kopf. Oft können viele körperliche Merkmale schon auf einen alten Hirsch hinweisen. Auch seine Stimme kann mit zunehmender Brunft tief und rau werden. Eingeschrieene Hirsche ab dem 8. Kopf erschweren nochmals das Ansprechen aufgrund der Stimme. Auch die Körpersprache des Hirsches ändert sich in der Brunft gegenüber der in der Feistzeit. Trägt ein Hirsch sein Haupt in der Feistzeit noch erhaben, senkt er dieses bei zunehmender Brunft und trägt es aufgrund seiner ständigen Herausforderungen waagrechter. Nach folgenden Kriterien sollte man den Hirsch ansprechen:

1. nach dem Haupt
2. nach seinem Verhalten
3. nach seiner Stimme
4. nach seiner Fährte (beim Angehen)
5. nach dem Wildkörper von der Breitseite

Dies alles klingt relativ einfach und einleuchtend, jedoch in der Praxis, vor allem in der Brunft, ist es besonders schwierig, diese 5 Kriterien entsprechend zu beachten. Wie schon gesagt, man muss sich schon auch auf seinen eigenen Instinkt verlassen können. Besitzt man Abwurfstangen von bestimmten Hirschen oder hat Aufzeichnungen, so erleichtert dies in der Brunft die Bejagung erheblich. Auch die Wetterverhältnisse kann man sich bei einer Bejagung nicht aussuchen. Nebel, diffuse Lichtverhältnisse und sonstige widrige Umstände erschweren das Ansprechen zusätzlich.

Spießer (einjährig)

Spießer sind am leichtesten anzusprechen. Im Körper gut veranlagten und sehr hohen Spießern sollte man die Chance geben, sich weiterzuentwickeln.

Haupt:	von vorne schmal, von der Seite spitz
Träger:	sehr schlank, tierähnlich, aufrecht
Vorschlag:	noch nicht vorhanden
Spiegel:	spitz
Rücken:	kurz, gerade, deutlicher Sattel zwischen Träger und Rücken
Rumpf:	schlank, hohe sichtbare Läufe
Verhalten:	kindlich (verspielt) neugierig
Rosenstöcke:	keine Rosen, hochragende Rosenstöcke
Stimme:	nicht vorhanden

Junge Hirsche (2- bis 4-jährig)

Zwei-, drei- und vierjährige Hirsche sind auch relativ leicht anzusprechen hinsichtlich ihres Wildkörpers und ihres Geweihes. Bei einem jungen Hirsch hängt es vom Aufbau seiner Trophäe und seines Wildkörpers ab, ob er schwach, stark oder sehr stark veranlagt ist.

Haupt:	etwas breiter, aber doch noch schmal wirkend
Träger:	schlank, Brunftmähne schon ausgeprägt

Vorschlag: minimal vorhanden
Spiegel: spitz
Rücken: gerade, noch stark ausgeprägter Sattel
Verhalten: zuschauend neugierig, lebhaft
Stimme: vorhanden, hohe/höhere Stimmlage

Mittelalte Hirsche

Hier handelt es sich um Hirsche vom 5. Kopf bis zu einem reifen Hirsch (ab 10. Kopf). In diesem Alterssegment sollte man besonders vorsichtig mit den Abschüssen umgehen, denn mittelalte Hirsche bilden die Basis – neben den gutveranlagten jungen Hirschen – für den Altersklassenaufbau. Schafft man es, dass genug mittelalte Hirsche reif werden können, so wirkt sich das positiv auf die Brunft aus. Entnehmen sollte man nur Hirsche mit starken Fehlern in der Kronenbildung wie fehlende Enden, deformierte Stangen und Abnorme. Man sollte z. B. sehr gut veranlagte 8- und 10-Ender alt werden lassen, wenn es sich mit dem Hegeziel vereinbaren lässt. Gerade bei mittelalten Hirschen, wenn sie sich dem Erntealter nähern, kann es aufgrund einer übereilten falschen Einschätzung ihres Wildkörpers, Verhaltens, ihrer Stimme und Trophäe zu Fehlabschüssen kommen.

Persönlich bin ich der Überzeugung, dass kein Jäger in der Lage ist, außer er kennt den Hirsch anhand einer Abwurfserie oder jahrelanger Aufzeichnungen eindeutig wieder, besonders das Alter zwischen 8 und 10 Jahren exakt einzuschätzen.

Haupt: breit, Wamme schon gut ausgebildet,
Träger: stark und breit, kürzer wirkend
Vorschlag: schon kräftiger Vorschlag, Brunftmähne
Spiegel: nähert sich einem rechten Winkel
Rücken: Widerrist tritt stärker hervor, Sattel verschwindet
Verhalten: lebhaft bewegt bis 7. Kopf, ab 8. Kopf überlegter, ruhiger, elegant, elastisch

Rosenstöcke:	stärkere Rosenstöcke, normale Rosenstellung
Stimme:	normale bis tiefe Stimmlage je nach Alter

Alte reife Hirsche

Einen reifen Erntehirsch zu erlegen, ist der Wunsch vieler Jäger. Passiert dies noch dazu in der Brunft, so ist dies für so manchen Weidmann die Krönung seiner jagdlichen Aktivitäten. In einigen Gebieten spricht man schon ab dem 10. Jahr (oder Kopf) von einem reifen Hirsch, und in anderen wiederum erst ab dem 12. Jahr.

So lange eine gute Entwicklung feststellbar ist, sollte man den Hirsch altern lassen, nicht zuletzt zum Vorteil des gesamten Brunftverhaltens bzw. Brunftverlaufes in einem Revier.

Haupt:	stumpf, sehr starke Wamme, bullig und kurz und breit wirkend, grimmiger Gesichtsausdruck
Träger:	kurz, breit und wuchtig mit starker Mähne
Vorschlag:	sehr starker Vorschlag
Spiegel:	rechtwinkelig
Rücken:	ohne Ansatz geht der wuchtige Träger in den Körper über
Verhalten:	gemessen ruhig, vorsichtig, zurückgezogen, Haupt und Träger beim Ziehen waagrecht
Rosenstöcke:	kaum sichtbare Rosenstöcke, Rosen nach außen geneigt
Stimme:	kurz, rauer tiefer Bass

Im Zweifelsfall sollte man den Abzug mit dem Finger „nicht“ betätigen!

Spießer (einjährig)

Im Körper starker Spießer

Junge Hirsche (2- bis 4-jährig)

Kronen 12-Ender im 3. Kopf

Junge Hirsche (2- bis 4-jährig)

Starker Wildkörper mit guter Geweihbildung.

8-Ender im 4. Kopf

Mittelalte Hirsche

Ziehender Hirsch im 5. Kopf

Ungerader Kronen 10-Ender im 6. Kopf (Seitenansicht)

Mittelalte Hirsche

Von vorne wirkt der Hirsch älter als er tatsächlich ist.

Ziehender ungerader Kronen 12-Ender im 7. Kopf

Mittelalte Hirsche

Ungerader Kronen 18-Ender im 7. Kopf

Ungerader Kronen 14-Ender im 8. Kopf mit einer tiefen, kräftigen, rauen Stimme. Nach der Stimme würde man ihn als reifen Hirsch einschätzen.

Mittelalte Hirsche

Hirsch im 9. Kopf

Reif oder nicht reif, stellt sich hier die Frage. Laut Abwurfserien von diesem Hirsch war er zum Zeitpunkt der Aufnahme in der Brunft im 9. Kopf. Hat man keine Aufzeichnungen, würde man ihn erlegen. Auch ich würde ihn aufgrund seines Verhaltens und seiner Stimme bei erstmaliger Begegnung zum Abschuss frei geben.

Alte reife Hirsche

Ungerader 20-Ender im 10. Kopf

Ungerader 22-Ender im 11. Kopf

Alte reife Hirsche

Kronen 10-Ender im 12. Kopf

12-Ender im 14. Kopf

Waffen, Kaliber und Optik

Zu diesem Thema möchte ich meine ganz persönlichen Erfahrungen und Beobachtungen einbringen, die ich über zwei Jahrzehnte bei Gästen sammeln konnte. Für die Bejagung von Rotwild sollte man zwischen „wie" und „wo" bejagt man Rotwild in der Brunft, unterscheiden. Unter „wo" verstehe ich die Gegebenheiten eines Revieres. Handelt es sich um ein Gebirgsrevier oder um ein Revier in der Tiefebene der Ostländer.

In der Tiefebene muss man vielleicht aufgrund der landschaftlichen Gegebenheiten weit schießen, man wird also ein Kaliber und auch die entsprechende Optik dazu wählen, die diesen Anforderungen gerecht wird. Jagt man im Wald, auf Schneisen und Wechseln, und stellt dem Brunfthirsch nach, wird man nie weiter als 150 Meter schießen müssen und kann dadurch ein langsameres, im Querschnitt größeres Kaliber wählen. Diese Kaliber haben für mich den Vorteil, dass auch kleine Hindernisse wie ein Zweig, kleine Äste, Gräser im Weg sein können, ohne dass das Projektil abgelenkt wird. Voraussetzung natürlich ist, dass sich die Hindernisse unmittelbar vor dem zu erlegenden Wild befinden. Geht man einem Brunfthirsch röhrend

Kurze führige Doppelbüchsen eignen sich gut für die Jagd auf einen Brunfthirsch im Wald.

entgegen, oder gelingt es, ihn im Wald mittels Ruf vom Rudel wegzulocken, so schießt man meistens nur auf etwa 50 Meter.

Es gibt auf das Rotwild so gut wie kein Kaliber, das ich nicht schon selber auf seine Wirkung hin getestet habe. Ausschlaggebend ist immer der Einsatzort. Ist man gezwungen, sehr weit – über 250 m – zu schießen, so kann ich folgende Kaliber empfehlen: 300 Win. Mag., 7mm STW, 7mm Rem. Mag., 300 H&H Mag., 300 Win. Short Mag., 8 x 68S und die 300 WBY Mag. Persönlich habe ich auf weite Entfernungen die besten Erfahrungen mit dem Kaliber 300 Win. Mag. und der 7-mm- STW gemacht.

Die Fluchtstrecken, abhängig wieder vom verwendeten Geschoss, liegen bei unter 100 Metern. Die kürzesten hatte ich bei Verwendung eines Accubond oder Ballsitic Tip-Geschosses. Hier lagen – bis auf einige wenige Ausnahmen – die Fluchtstrecken unter 30 Metern. Bewege ich mich im Bereich bis 250 Meter zum Zielobjekt, so wird die Kaliberpalette schon wesentlich größer. Ich habe viele Gäste erlebt, die nicht auf weite Entfernungen schießen wollten, dies ist zu akzeptieren.

Bis 250 m kann man auch die oben erwähnten Kaliber einsetzen. Ich habe jedoch keine guten Erfahrungen mit diesen Kalibern auf sehr kurze Entfernungen gemacht. Universal einsetzbar sind die Kaliber 270 Win.,

Variable Zielfernrohre haben nur Vorteile.

7 x 64, 7 x 65R, 308 Win. auf im Wildkörper schwächeres Rotwild, weiters auf stärkeres: 30-06, 30 R Blaser, 8 x 57 JS, 8 x 57JRS, 9,3 x 62, 9,3 x 64, 9,3 x 74R und die 375 H&H Magnum. Selber setze ich auf den Brunfthirsch im Wald die Waffen mit dem Kaliber: Doppelbüchse 8 x 57JRS und 375 H&H sowie einen Sauer 202 Goiserer 9,3 x 62 ein. Dies sind sehr kurze und handliche Waffen, gerade im Gestrüpp beim Angehen eines röhrenden Hirsches wäre eine Waffe mit einem langen Lauf nur hinderlich. Bis jetzt bescherte mir das Kaliber 9,3 x 62 mit den Geschossen HMK mit 16,7 g, Vulkan mit 15,0 g und das Jaguar Geschoss mit 12,2 g kurze Fluchtstrecken bei unterschiedlichsten Entfernungen – bis 150 Meter – und Schüssen. Ebenso verhält es sich bei der Optik.

Ideal ist natürlich ein variables Zielfernrohr von 2,5 – 12 x 50 bzw. 2,5 – 10 x 50, egal von welcher Marke. Wenn dieses noch dazu mit einem Leuchtpunkt ausgestattet ist, hat es noch mehr Vorteile. Beim Angehen eines Brunfthirsches, der oft blitzartig auf den Ruf des Rufjägers reagiert und im Wald auf kurze Entfernung zusteht, benötigt man ein variables Zielfernrohr. In solchen Situationen stelle ich von Haus aus meine Optik

immer auf eine Vergrößerung von 2,5 oder 3-fach ein. Im Wald auf kurze Entfernungen braucht man ein größeres Gesichtsfeld. Ist man gezwungen, auf weite Entfernung zu schießen, hat man immer noch die Möglichkeit, auf eine Vergrößerung von 8, 10 oder 12-fach zu gehen. Das Fernglas sollte aber auch noch in der Dämmerung gute Dienste verrichten. Beim Angehen eines röhrenden Hirsches sollte man neben einem Ruf, einem kurzen Gewehr und einem leichten Fernglas nichts mehr mitnehmen. Ein Spektiv oder ein Entfernungsmesser ist dabei nur hinderlich, jedoch nicht förderlich. Bedenken sollte man auch, dass man es sich im Vorfeld nie aussuchen kann, wie und wo man einem rufenden Hirsch gegenübertritt.

Es ist jedem überlassen, welches Kaliber er einsetzt, er muss es ja auch selbst verantworten. Ich habe Gäste gehabt, die mit dem Kaliber 243 Win. mit 6,2 g auf einen Brunfthirsch jagen wollten. Die Gäste, die ich bis jetzt geführt habe, durften allerdings – ohne Ausnahmen – nur mit einem Kaliber ab der 270 Win. auf einen Brunfthirsch schießen. Es kann auch noch mit einem größeren Kaliber genug passieren, und nicht selten wird ein Schuss so abgegeben, dass lange Nachsuchen vorprogrammiert sind.

Dieser röhrende Brunfthirsch wurde von meinem Jagdfreund Manfred mit dem Kaliber 30.06, 11,7g Alaska auf 80 Meter gestreckt. Der Hirsch brach nach nur 10 Fluchten zusammen.

Bekleidung

Eine der Natur angepasste Bekleidung hat schon ihre Vorteile. Überhaupt dann, wenn man dem röhrenden, schreienden oder orgelnden Hirsch in den Einstand folgt. Schon in der Steinzeit haben sich unsere Vorfahren bei der Jagd getarnt, um Erfolg zu haben und um zu überleben. Ich rate entweder zu einer Camouflage-Bekleidung oder einem helleren Loden.

Bis zum Zweiten Weltkrieg wurde vermehrt ein grauer bis hellgrauer Loden für die Jagdbekleidung, und hier besonders beim Jagdrock, verwendet. Schon im vorigen Jahrhundert waren die Jäger bzw. das Jagdpersonal der kaiserlichen Hoheiten eher in einer grauen als grünen Jagdbekleidung unterwegs. Der Grauton passt sich im Gebirge hervorragend der Gesteinswelt an, aber auch in den Buchen- bzw. Mischwäldern hat er seine Vorteile.

Camouflage-Bekleidung passt sich ideal der Natur an.

Hauptsächlich verwende ich persönlich den Hirschegger-Jagdrock, den ich entworfen und meinen Erfordernissen angepasst habe. Er ist geschmeidig, lässt keine Feuchtigkeit durch und wurde von mir so konzipiert, dass ich darin genügend Bewegungsfreiheit im Brust- und Rückenbereich habe. Mit einer

Rosshaareinlage wurde er verstärkt, damit die Form über Jahre erhalten bleibt. Als Knöpfe dienen altenglische, handgeflochtene Lederknöpfe, die geräuscharm sind und Kratzer am Gewehr vermeiden. Tarnen und Täuschen ist eine uralte Jagdstrategie! Dunkelgrün bekleidete Weidfrauen und Männer in allen Ehren, wenn man jedoch einem röhrenden Hirsch nachstellt, sollte man umdenken und eine erfolgversprechendere Bekleidung – wie erwähnt – wählen. Beim Rufen sollte man bei Sonneneinstrahlung auch keine Hutabzeichen, keine Uhr und keine Ringe tragen! Die Blendungsgefahr ist sehr hoch.

Am Markt werden auch ultraleichte Tarnanzüge zum Überziehen über die normale Jagdbekleidung angeboten. Man sollte auch nicht abgeneigt sein, darauf zu achten, eine Bekleidung zu wählen, die die Konturen des Jägers entschärfen.

Strapazfähiger Hirschegger Jagdrock, kaum sichtbar für das Wild. Das konnte ich schon sehr oft feststellen. Daher zählt er zu meiner liebsten Jagdbekleidung.

Versorgung nach dem Schuss

Nach einem erfreulichen Ereignis, nämlich der Erlegung eines Brunfthirsches, sollte die schnelle Versorgung des erlegten Wildes oberste Priorität haben.

Wildbrethygiene und Qualitätsdenken müssen beachtet werden. Nur erstklassiges Wildbret wird die Preispolitik bestimmen und kann sich am Markt behaupten. Am besten ist es, als erstes den Brunftfleck abzuschürfen, danach entfernt man das Kurzwildbret und öffnet die Bauchhöhle und danach vorsichtig das Brustbein. In weiterer Folge werden der Schlund und die Drossel aus dem Träger gelöst und gemeinsam mit Lunge, Herz, Leber, Milz, Nieren und dem Pansen, nach Öffnung des Schlosses, in einem herausgenommen. Man kann natürlich auch das Schloss geschlossen lassen und ringeln (Ausschneiden des Weidloches), wie es in manchen Gebieten praktiziert wird. Falls Magen- oder Darminhalt durch einen schlechten

Bergung eines Brunfthirsches im unwegsamen Gelände

Schuss oder auch beim Aufbrechen in die Bauchhöhle gelangen, sollte man die verunreinigten Teile mit besonderer Sorgfalt entfernen und möglichst rasch mit Trinkwasser die diversen Verschmutzungen reinigen.

Fachgerecht und optimal ist es, den aufgebrochenen Brunfthirsch umgehend in einen Kühlraum zu bringen. Die Kühltemperatur sollte zwischen +1 °C und maximal +7 °C liegen. Meistens ist es in der Hirschbrunft schon so kühl, dass man den Körper bis zum Abtransport, geschützt vor Sonneneinstrahlung und Insekten, kurz liegen lassen kann.

Jagdfreund Hans beim Abtransport seines Brunfthirsches

Verschiedene Kronenformen

Nach dem jährlichen Aufbau des Geweihes von ca. 4 Monaten trägt der ältere Hirsch seinen Kopfschmuck ca. 8 Monate. Dieses ist von Hirsch zu Hirsch unterschiedlich. Auch das Alter spielt in der Entwicklung des Geweihaufbaues eine Rolle. Der Hirsch braucht sein Geweih nicht, um dem Jäger zu imponieren, was er von Haus aus ohnedies schon tut, sondern er braucht es zum Kämpfen, Imponieren und zur Feindabwehr bzw. zur Verteidigung.

Im Kampf spielt der Aufbau der Stangen oft eine wesentliche Rolle, ebenso, ob der Hirsch lange Spieße, Gabeln oder einfache bzw. mehrfache Kronen hat. In Jagdkreisen spricht man von den bekannten Kronenformen wie: Doppelkrone, Fächerkrone, Becherkrone und Schaufelkrone. Man kann grundsätzlich von diesen vier Grundvarianten ausgehen, jedoch gibt es wesentlich mehr Arten der Geweihbildung, wenn man sich intensiv

Dieser Brunfthirsch hatte eine Auslage (Endenspitze zu Endenspitze) von 2,05 m.

damit beschäftigt. In der Natur, bei Abwürfen sowie nach jeder Erlegung und bei den Trophäenschauen studiere ich immer wieder die verschiedenen und vielfältigen Kronenformen, um sie einer jeweiligen Grundform zuzuordnen. Kronenformen geben keinen Aufschluss über das Alter eines Hirsches, erfreuen aber so manchen Jäger. Es gibt sie, die Kronenspießer, das sind Hirsche mit Stangen – ohne Aug-, Eis-, oder Mittelsprossen – nur am Ende der Stangen befinden sich die unterschiedlichsten Kronenformen. Ich habe solche Kronenformen bereits im 1. Kopf gesehen, aber auch bei Hirschen, die ein hohes Alter erreicht hatten. Einige normale, aber auch interessante Kronenformen möchte ich Ihnen hier zum Besten geben. Teilweise sind die Bezeichnungen der Kronenformen bekannt, für solche Kronenformen jedoch, die man nicht zuordnen kann, habe ich für mich neue Bezeichnungen gewählt.

EINFACHE KRONE

Besteht aus drei gleichen oder drei unterschiedlichen Enden in der Länge.

Ein Eissprossen-Kronenzwölfer mit einer einfachen Kronenbildung

BESTECKKRONE

Diese ist flach und hat drei oder vier fast gleiche Enden. Weist eine Ähnlichkeit mit einer Besteckgabel auf.

DOPPEL-GABELKRONE

Dies sind zwei gleichmäßige Gabeln, die untereinander oder seitlich nebeneinander versetzt angeordnet sind.

DOPPELKRONE ODER STIEFELKNECHTKRONE

Zwei gleichmäßige Gabeln, die übereinandergesetzt sind. Würde man diese am Boden befestigen, könnte man unter deren Mithilfe seine Stiefeln problemlos ausziehen.

Von vorne betrachtet glaubt man, eine Gabel zu sehen. Beim rechten Bildausschnitt, aus einem anderen Winkel aufgenommen, wird man eines besseren belehrt.

BECHERKRONE

Der Name sagt eigentlich schon alles. Es handelt sich um eine Kronenform, die in der Mitte eine Vertiefung hat, in der eine kleine Menge Flüssigkeit Platz finden könnte.

Beidseitige Becherkrone

TRICHTERKRONE

Gleich aufgebaut wie die Becherkrone, der Hohlraum ist jedoch – Fassungsvermögen – in der Mitte der Kronenform wesentlich tiefer und von mehreren kurzen und langen Enden umschlossen.

Alter Brunfthirsch im 12. Kopf mit einseitiger Wolfssprossen-Gefäßkrone. Dieser Hirsch stand mir mit dem Faulhaber-Hirschruf auf 30 Meter zu.

SCHAUFELKRONE

Wesentlich größer in der vorhandenen Fläche als die Handkrone mit vielen kurzen und längeren Enden.

Beidseitiger Schaufelkronen-Brunfthirsch

HANDKRONE

Diese Art der Krone sieht einer geöffneten Handfläche sehr ähnlich. Es sind nicht mehr als fünf Enden in gleichmäßigen oder leicht unterschiedlichen Längen vorhanden.

FÄCHERKRONE

Auch ein Fächer ist jedem bekannt, und so ähnlich ist auch diese Kronenform mit engen, von außen nach innen gebogenen Gabeln.

VERZWEIGTE KRONE

Mehrere Enden wild in unterschiedlichen Längen. Oft ist der Wolfsspross bei dieser Ansammlung von Enden eingebunden.

WOLFSPROSSENKRONE

Unter der Krone ist der Wolfsspross mit einfachen oder mehrfachen Enden angesetzt.

Dieser reife Hirsch wurde in der Brunft erlegt und hatte 11,16 kg Geweihgewicht mit 215,68 CIC-Punkten. Neben den einfachen Kronen hatte dieser Hirsch beidseitig nach hinten einen Wolfsspross.

Altersbestimmung nach der Erlegung

Es ist schon schwierig, abhängig natürlich von den Umständen wie nebeligem Wetter, Dämmerung, im Troll zustehender Brunfthirsch usw. – den Hirsch lebend in der Natur richtig und schnell anzusprechen.

Wenn man nachfolgende Tabelle ansieht, stellt man fest, dass im Bereich von 8 bis 11 Jahren insgesamt 14 Stück – im Alter bekannte Hirsche – bewertet wurden, davon jedoch nur 4 Hirsche mit dem tatsächlichem Alter laut Drechsler übereinstimmten. Auch ich habe so meine Erfahrungen in diesem Altersbereich immer wieder gemacht und unterschiedliche Abweichungen von 1 bis 3 Jahren nach unten bzw. nach oben festgestellt.

War der Hirsch am Boden, so wussten manche „Besserwisser" sofort das Alter des Hirsches. Mag bei jenen Jägern zutreffen, die den Hirsch über Jahre oder gar über ein Jahrzehnt durch Aufzeichnungen, Markierung oder Abwurfserien kennen. Aber der größte Teil hat nicht die Möglichkeit, einen Hirsch permanent bis ins reife Alter zu begleiten. Darum sollte man auch in den Grenzbereichen etwas nachsichtiger sein, dies ist meine ganz persönliche Meinung. Ich meine, ob der Hirsch im 9. Kopf oder doch schon im 10. oder 11. Kopf ist, kann „keiner" feststellen, außer man kennt den Hirsch wie bereits oben erwähnt in der Natur.

Auch der Hirsch verändert sich von der Feistzeit bis zum Ende der Brunft im Verhalten und Aussehen, dies anscheinend wird bei keiner Bewertungskommission berücksichtigt. Immer wieder habe ich festgestellt, dass gerade bei markierten Hirschen ab dem 7. Kopf die Abweichung der Schätzung nach dem Unterkieferast zwischen 1 und 3 Jahren schwanken kann. Sieht man sich die Statistik von Drechsler 1989 an, so werden auch meine jahrelangen Wahrnehmungen hinsichtlich der Abweichungen bestätigt. Man spricht immer von einer Altersbestimmung und einer Altersschätzung. Der Unterschied liegt darin, dass man beim Alter bis zum Abschluss der Zahnentwicklung von der Altersbestimmung spricht. Bis zu diesem Zeitpunkt – ca. 24. – 27. Lebensmonat – kann man sehr wohl das Alter exakt bestimmen. Bei der Bejagung des Schmalspießers

Altersschätzung nach der Backenzahnabnutzung von 71 Stück (nach Drechsler 1989)

Wirkliches Alter in Jahren	Übereinstimmende Schätzung bei Anzahl von Stücken	Abweichung der Schätzung +/- bei Anzahl von Stücken		
		~ 1 Jahr	~ 2 Jahre	~ 3 Jahre
2	8	0	0	0
3	5	1	2	0
4	5	0	0	0
5	2	0	4	0
6	2	2	1	1
7	1	1	0	0
8	0	3	1	0
9	1	1	1	0
10	2	1	2	2
11	1	4	0	0
12	3	0	1	1
über 12	11	0	0	1
2 bis 12	41 (58 %)	13 (18 %)	12 (17 %)	5 (7 %)
3 bis 12	33 (52 %)	13 (21 %)	12 (19 %)	5 (8 %)

ist der 3. Prämolar noch dreiteilig und ein sicheres Zeichen eines einjährigen Hirsches. Bei zweijährigen wird der 3. Molar von Mai bis August sichtbar und ist danach ohne Gebrauchsspuren voll ausgebildet. Ein vollständiges Gebiss eines Hirsches weist 34 Zähne auf und unterteilt sich in 6 Schneidezähne (Incicivus), kurz „C“, 2 Eckzähne (Caninus), 12 Backenzähne vorne (Prämolaren) und 12 Backenzähne hinten (Molaren). Wie bei allen Wiederkäuern fehlen im Oberkiefer die Schneidezähne. Es sind jedoch 2 Eckzähne vorhanden, die man als Grandeln bezeichnet. Von einer Altersschätzung spricht man, wenn die Zahnentwicklung (Dauergebiss) abgeschlossen ist. Die Zerkleinerung der Nahrung erfolgt über die Backenzähne – Prämolaren und Molaren – und diese werden dabei abgenutzt. Eine große Bedeutung hat die Altersschätzung nach dem Zahnabschliff nach wie vor. Sie ist auch die verbreitetste Methode in vielen Ländern mit Rotwildvorkommen.

Natürlich gibt es eine Reihe anderer Methoden, das Alter festzustellen, wie z. B. anhand der Kronenhöhe des 1. Schneidezahnes nach Eidmann (1933), Berechnung nach Rosenstockdurchmesser und Höhe nach Harke (1952), Altersbestimmung nach dem Abnutzungsbild der Kauflächen nach Gottschlich (1972), Altersbestimmung nach der Ablagerung von Zahnzement nach Mitchell (1963), Altersbestimmung nach Zahnhöhen nach Gottschlich (1972) und so weiter. Alles recht und schön, dennoch ist für mich die Methode nach der Abnützung der Backenzähne, in Verbindung mit meiner Methode, der Berechnung der Schädel-Nasenkrümmung und die Feststellung, ob die Schädelhirn-Quernaht (wie ich sie bezeichne) noch offen, geschlossen oder verschmolzen ist, die sichere.

Junge Hirsche, ab dem Spießer, weisen eine breite Naht von bis zu 3 mm auf. Mit zunehmendem Alter verringert sich diese, bis es zur Schließung kommt. Bei Brunfthirschen mit bzw. ab dem 10. Kopf (also 10 Jahre) ist diese Naht geschlossen.

(Siehe dazu die vergleichenden Abbildungen auf den folgenden Seiten.)

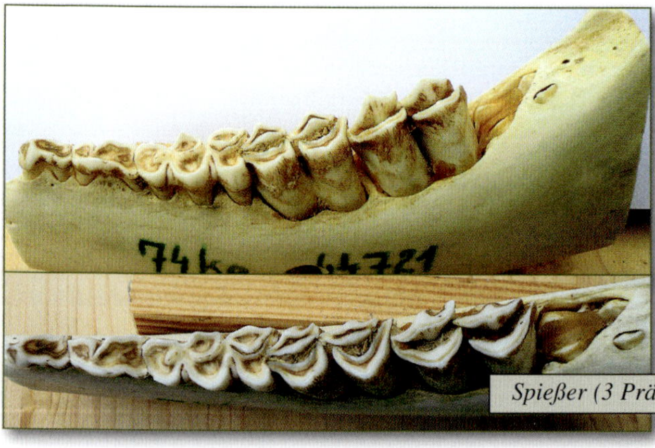

Spießer (3 Prämolaren, 2 Molaren)

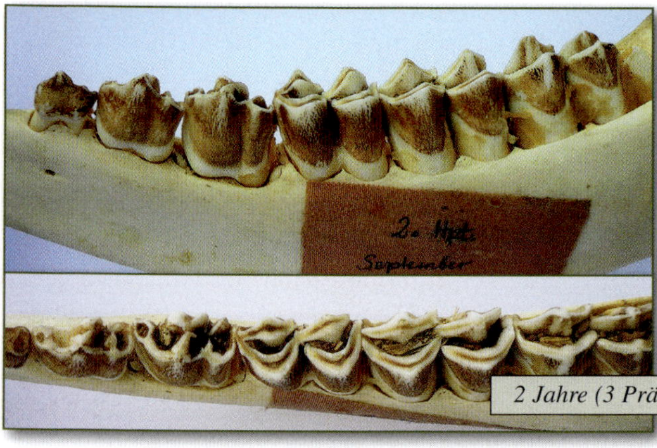

2 Jahre (3 Prämolaren, 3 Molaren)

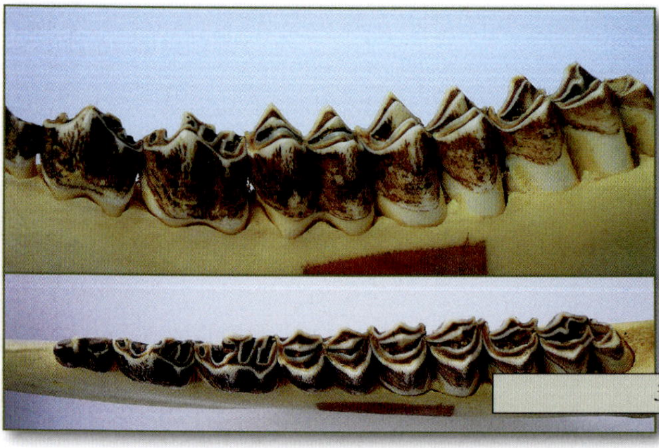

3 Jahre

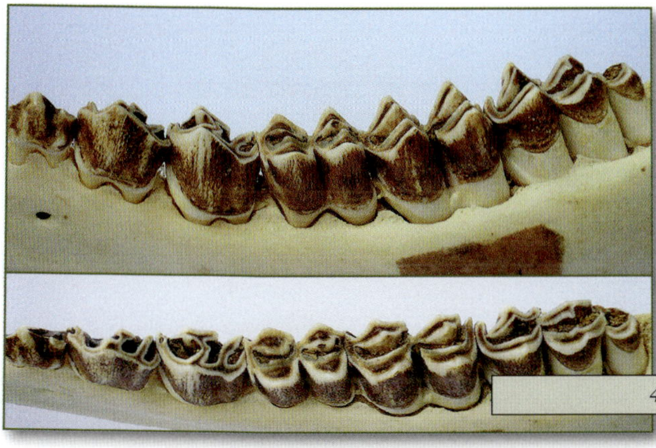

4 Jahre

5 Jahre

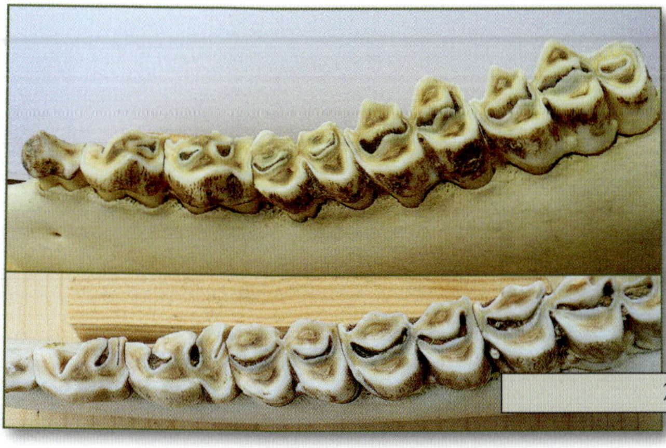

7 Jahre

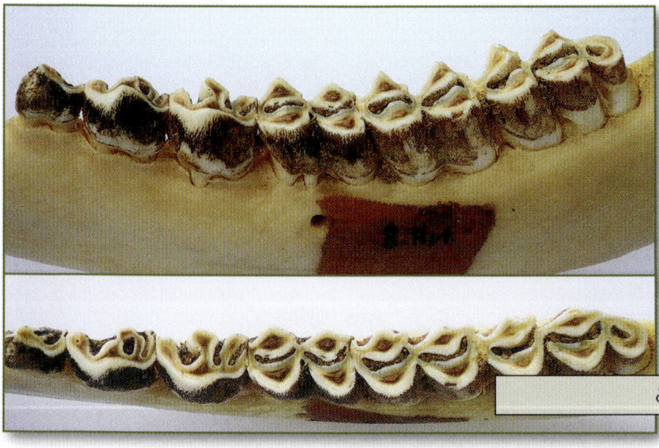

8 Jahre

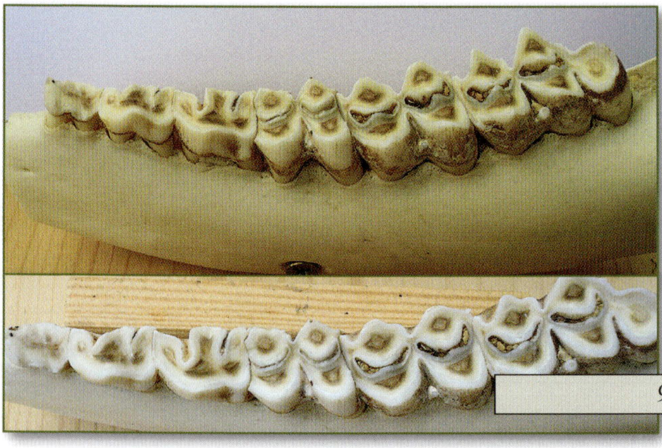

9 Jahre

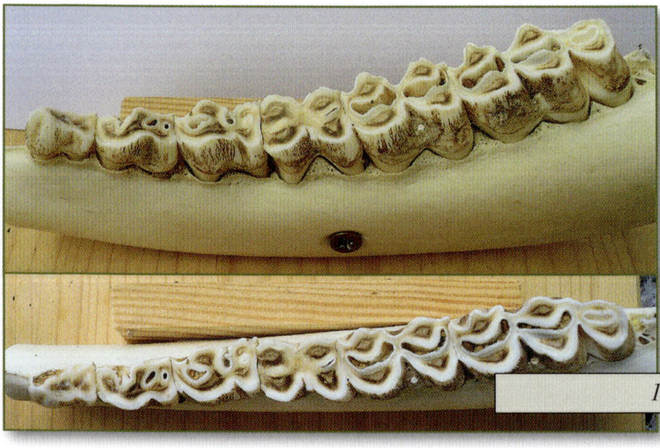

10 Jahre

12 Jahre

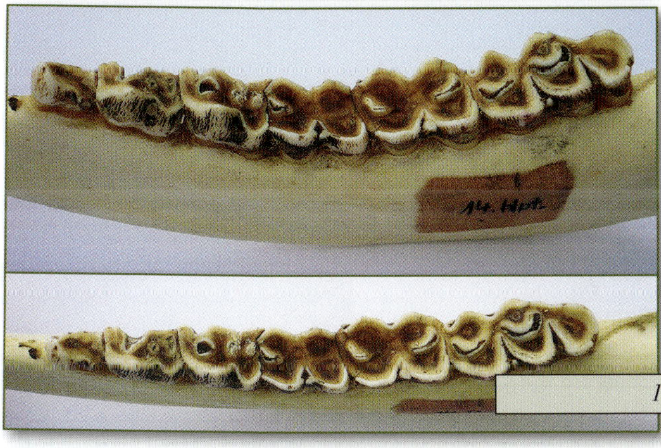

14 Jahre

16 Jahre

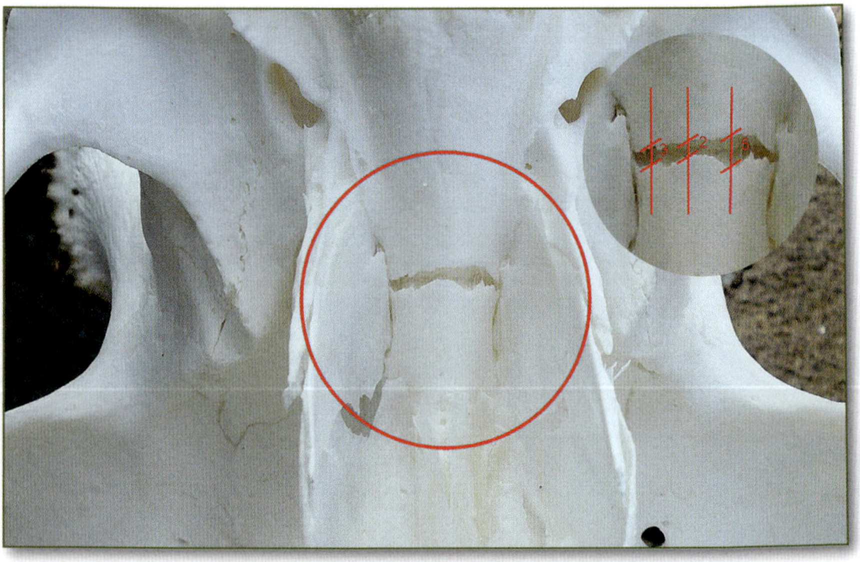

Offene Quernaht eines 2-jährigen Hirsches

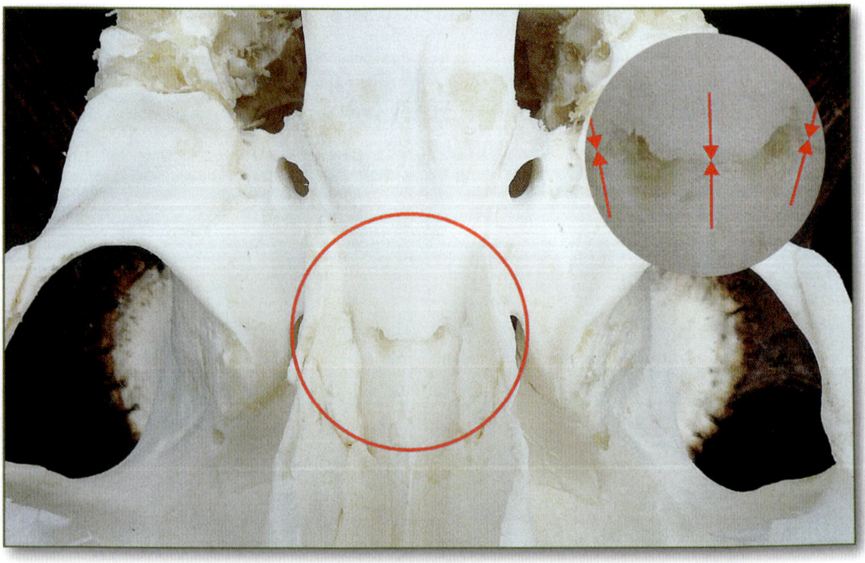

Seitlich und in der Mitte fast geschlossen ist die Quernaht eines 8-jährigen Hirsches.

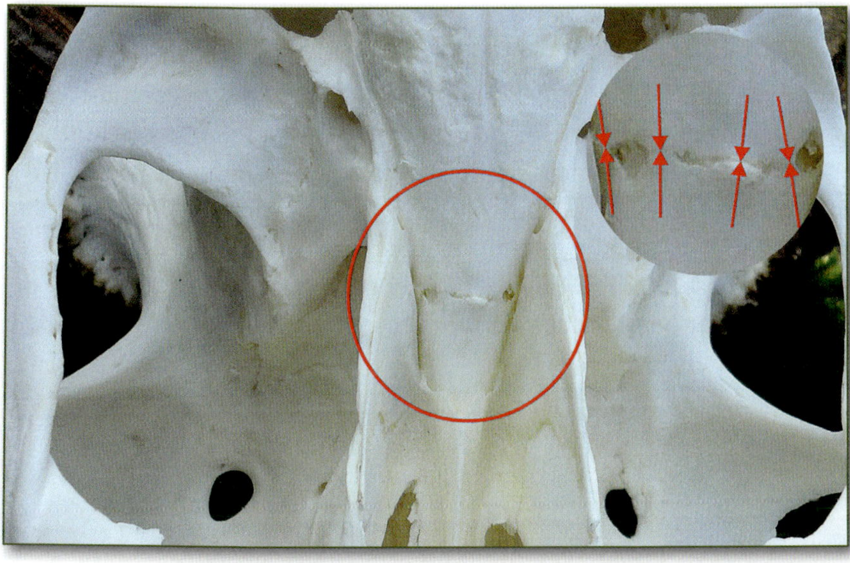

9 Jahre: bereits zu mindestens 2/3 geschlossen

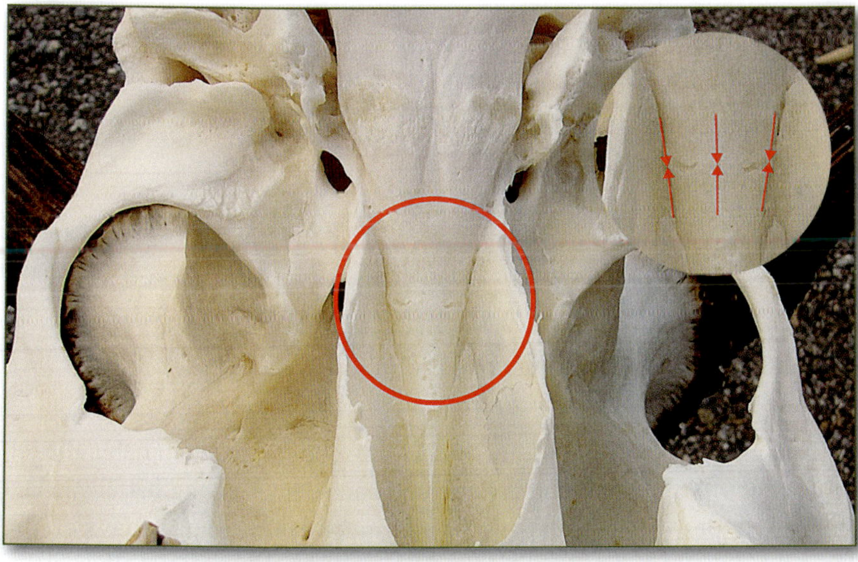

Mit 10 Jahren und älter ist die Quernaht geschlossen.

Ist der Hirsch noch älter, so ist von der Naht kaum mehr etwas zu sehen. Hier spreche ich von der verschmolzenen Quernaht. Auch ich habe beim Anführen von Gästen in der Brunft bei den vielen Hirschen (über 300) aber auch selber den einen oder anderen Fehlabschuss verschmerzen müssen. Diese halten sich jedoch im erträglichen Rahmen. Oft war ich 100%ig davon überzeugt, einen älteren bzw. alten Hirsch vor mir zu haben, immerhin habe ich alle relevanten Kriterien beachtet, und dennoch war der Hirsch nach der Erlegung laut Kiefer nur 8 oder 9 Jahre alt. Jedoch die Quernaht war bei manchem Hirsch schon zur Gänze verschlossen – ein Zeichen für einen älteren Hirsch.

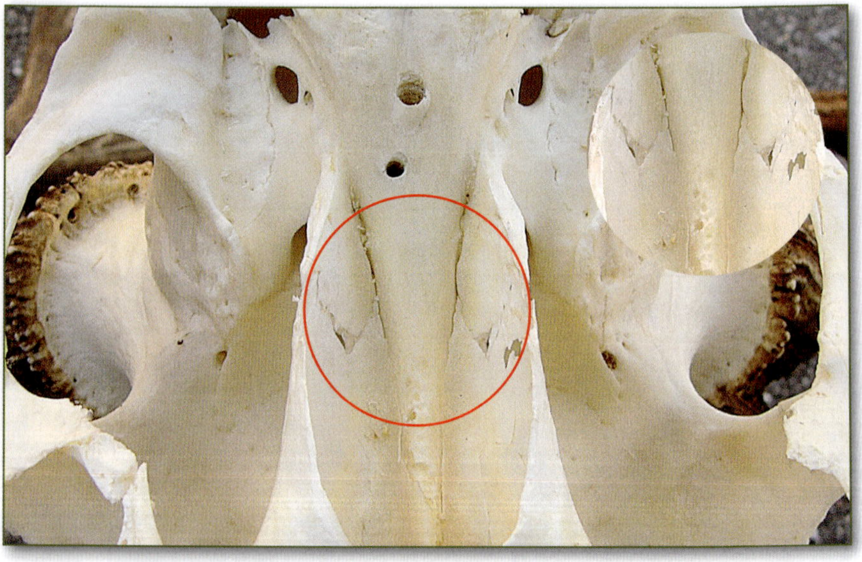

Ist die Quernaht komplett verschwunden (verschmolzen), so ist der Hirsch über 12 Jahre. Dieser Hirsch war im 16. Kopf.

Es kam aber auch vor, dass ich Abschusshirsche freigegeben habe, die ich im 8. oder 9. Kopf eingeschätzt hatte und nach der Erlegung hatten sie laut Bewertung des Unterkieferastes 10 und mehr Jahre. Man sollte sich die Dechsler-Tabelle genau vor Augen führen und nicht voreilig über einen Abschuss urteilen, ob er richtig oder falsch war. Auch ein Zahnabschliff

kann nicht mit 100%iger Sicherheit Aufschluss über das wahre Alter geben, das ist erwiesen. Neben meinen jahrelangen Beobachtungen hinsichtlich der Veränderung der Quernaht und der Schädel-Nasenverkrümmung bin ich zu der Erkenntnis gekommen, dass man mehrere Methoden für die Bestimmung des Alters heranziehen sollte wie: Backenzahnabnutzung, Quernaht, Stirnbein-Vertiefung, Nasenbein-Krümmung und die Rosenstockberechnung nach Harke.

Altersbestimmung nach der Unterschädel-Quernaht (nach Erker)

Alter / Jahre	Merkmal	Beurteilung
2	offen bis 4 mm	Naht tief und breit sichtbar
3 bis 4	offen von 1,6–3 mm	Verengung der Naht erkennbar, vor allem im Kern
5 bis 7	offen von 0,5–1,5 mm	Schließung der Naht im Kern, Naht noch offen, sichtbar
8 bis 9	offen bis 0,5 mm	im Kern komplett geschlossen, Beginn der Schließung in der Mitte, Naht an den Seiten geschlossen
10	geschlossen	Kern komplett geschlossen, Naht in Spuren erkennbar, verschweißt zu 90 %
11 bis 12	geschlossen	durchgehend geschlossen, Naht verschwunden, erkennbar
über 12	verschmolzen	Naht kaum erkennbar, Naht nicht mehr sichtbar

Altersbestimmung nach der Stirnbein-Vertiefung (nach Erker 2008)

Stirnbein-Vertiefung B1				Stirnbein-Vertiefung B2		
Jahre	St.-Bein	Vertief. B1/mm	N-Bein	St.-Bein hoch	Vertiefung B2	N-Bein
2	0	3–4 mm	0		kein Wert	
3–4	0	4–5 mm	0		kein Wert	
5–7	0	5–7 mm	0	0	10–16 mm	0
8–9	0	7–9 mm	0	0	16–18 mm	0
10	0	10–11 mm	0	0	18–19 mm	0
11–12	0	11–12 mm	0	0	19–20 mm	0
über 12	0	über 12 mm	0	0	über 20 mm	0

*St.-Bein = Stirnbein, N-Bein = Nasenbein

Ich nahm aus allen oben erwähnten Berechnungen und Feststellungen den Mittelwert und bin gerade bei den markierten Hirschen entweder genau bzw. mit nur geringen Abweichungen von einem Jahr plus oder minus zum Alter gelangt. Viele werden sich fragen, auch mit Recht, was meint er mit der Stirnbein-Vertiefung und einer Nasenbein-Krümmung in Hinblick auf die Altersschätzung. Ich habe festgestellt, dass sich der Schädel im Laufe eines Hirschlebens im Stirn- und Nasenbein verändert. Über Jahre konnte ich bei sehr vielen Hirschen, die ich vermessen habe, feststellen, dass es eine Veränderung im Bereich der Stirnbeinvertiefung gibt. Die Berechnung (B1) ist einfach, indem man ein Hilfslineal auf das Nasenbein legt und dieses Richtung Stirnbein schiebt, bis es ansteht. Danach kann man den Wert B1 messen. Ist jedoch der Hirsch in einem höheren Alter, kann es vorkommen, dass man die Berechnung (B2) anwenden muss. Das Hilfslineal liegt dabei am Stirnbeinrücken auf. Der ermittelte Wert (B2) wird durch 2 geteilt und man erhält wieder das ca. Alter. Auch das Nasenbein krümmt sich mit zunehmendem Alter, auch das konnte ich feststellen.

Bei dieser Berechnungsmethode legt man das Hilfslineal so auf das Nasenbein, dass man an der Nasenspitze und im Anfangsbereich der Stirnbeinvertiefung zwei gleiche Werte erhält. Vom Hilfslineal aus gemessen handelt es sich dabei (im Übergangsbereich Nasen-, Stirnbein (Ü) und an der Nasenspitze (N) um Minuswerte. Den Mittelwert (M) (die Krümmung) erhält man über die gedachte Linie vom Wert Ü zum Wert N. Nimmt man einerseits die Berechnung der Stirnbein-Vertiefung und andererseits die Berechnung nach der Nasenbein-Krümmung sowie die der Quernaht, der Harke-Methode und die legendäre Altersbestimmung anhand des Unterkiefers zu Hilfe, kann man einigermaßen (meiner Meinung nach zu gut 80 %) das Alter eines Hirsches feststellen. Abweichungen gibt es bei jeder Methode, das habe ich oft genug festgestellt, sei es bei meinen eigenen oder auch bei anderen, die ich verwendet habe. Individuelle Kaugewohnheiten, unterschiedliche Äsung sowie genetisch bedingte Unterschiede in der Härte des Zahnschmelzes können zu erheblichen Abweichungen bei der Zahnabnutzung führen. Eine der exaktesten Methoden in der heutigen Zeit ist sicherlich das Zementzonenverfahren. Aus dem Backenzahn (Molar/M1) wird vom Mittelteil ein Blättchen herausgeschnitten, geschliffen, poliert und danach kann man im Mikroskop die einzelnen Ablagerungen (Jahre) feststellen. Auch bei dieser Methode kommt es vereinzelt vor, dass man die Ablagerungen nicht klar erkennen kann.

Der Hirsch **(1.)** wurde laut Kiefer von einer Bewertungkommission mit 11 Jahren bewertet. Nach den Berechnungen der Quernaht 8 Jahre, nach der Stirnbein-Vertiefung (B1-Abstand 8,3) 8 Jahre, nach der Harke-Berechnung (42,6:41,8=1,02) ebenfalls 8 Jahre. Nach der Zahnschiff-Methode (Zementzonenverfahren) war der Hirsch jedoch nur 7 Jahre. Solche gravierenden Abweichungen gibt es immer wieder. Ist das Nasenbein in jungen Jahren fast gerade, so verändert sich dieses von Jahr zu Jahr.

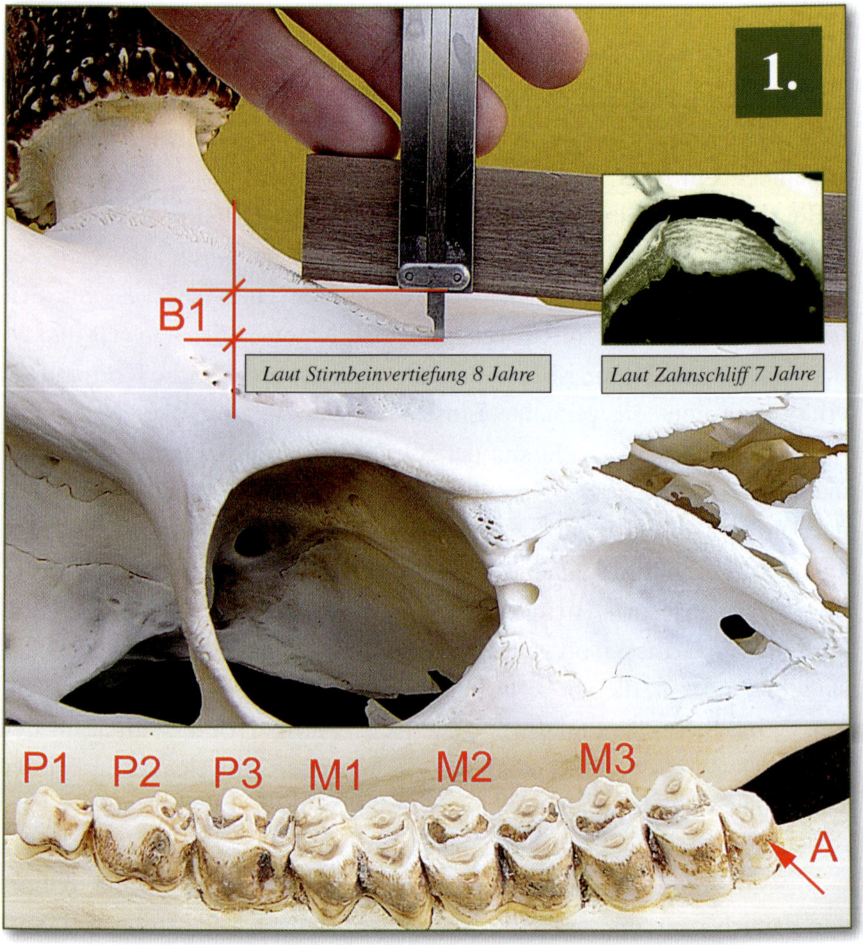

Alte Hirsche haben schon eine deutlich sichtbare auffallende Krümmung des Nasenbeines sowie eine starke Stirnbein-Vertiefung.

Ein alter reifer Hirsch **(2.)** mit 16 Jahren laut Kiefer, nach der Quernaht, die nicht mehr feststellbar ist, ebenfalls, nach der Berechnung der Stirnbein-Vertiefung und der Nasenbein-Krümmung (Messwert: 15,7) 16 Jahre und nach der Harke-Methode (55,3:39,0=1,41) über 12 Jahre (da seine Berechnungen ab dem Wert von 1,24 mit über 12 Jahren festgelegt wurden).

Altersbestimmung nach der Nasenbein-Krümmung (nach Erker 2008)

Jahre	Nasenbein-Krümmungs-Berechnung			Bemerkung
	Übergang Nasen-, Stirnbein Minus-Wert/Ü	Mittelwert Plus-Wert/M	Nasenbein Spitze Minus-Wert/N	
2	3 bis 4 mm	0	0	Stirnbein-Vertiefung minimal
oder	3 bis 4 mm	0	0	Nasenbein gerade
3 bis 4	4 bis 5 mm	bis + 4 mm	bis - 4 mm	Stirnbein-Vertiefung minimal
oder	bis 8 mm	0	0	Nasenbein gerade
5 bis 7	5 bis 7mm	+ 4 bis 7 mm	4 bis 7 mm	Stirnbein-Vertiefung sichtbar Nasenbein leicht gekrümmt
oder	10 bis 16 mm	0	0	Nasenbein gerade
8 bis 9	7 bis 9 mm	+ 7 bis 9 mm	7 bis 9 mm	Stirnbein-Vertiefung gut sichtbar Nasenbein leicht gekrümmt
oder	16 bis 18 mm	0	0	Nasenbein gerade
10	10 bis 11 mm	+ 10 bis 11 mm	10 bis 11 mm	Stirnbein-Vertiefung gut sichtbar Nasenbein stark gekrümmt
oder	10 bis 19 mm	0	0	Nasenbein gerade
11 bis 12	11 bis 12 mm	+ 11 bis 12 mm	11 bis 12 mm	Stirnbein-Vertiefung nicht übersehbar Nasenbein stark gekrümmt
über 12	über 12 mm	über + 12 mm	über 12 mm	Stirnbein-Vertiefung extrem sichtbar Nasenbein auffallend gekrümmt

Betrachtet man diesen Hirsch z.B. nach mehreren Möglichkeiten der Altersbestimmung, so kann man einigermaßen das Alter festlegen.

Dieser Hirsch hatte schon eine starke Stirnbein-Vertiefung. Bekommt man beim ersten Messen 19,5 aufgrund der starken Vertiefung, wird dieser Wert durch 2 dividiert und man erhält einen Wert von 9,75. Bei einer zu starken Stirnbein-Vertiefung, verbunden mit einer starken Nasenbein-Krümmung, sollte man noch zusätzlich die Methode der Berechnung nach der Nasenbein-Krümmung vornehmen. Diese lag bei 10,3 mm. Bei der ersten Bewertung (9,75) wird der Wert aufgerundet, auf 10 und bei 10,3 abgerundet, ergibt ein Alter von ca. 10 Jahren.

Laut Zahnabschliff (Zementzonenmethode) 9 feststellbare Ablagerungen, also 9 Jahre.

Rosenstockquotient und Alter
(nach Harke 1952)

Quotient	Alter
bis 0,51	2 Jahre
0,52–0,59	3 Jahre
0,60–0,68	4 Jahre
0,69–0,76	5 Jahre
0,77–0,85	6 Jahre
0,86–0,94	7 Jahre
0,95–1,02	8 Jahre
1,03–1,10	9 Jahre
1,11–1,18	10 Jahre
1,19–1,23	11 Jahre
über 1,24	12 Jahre +
Rosenstockdurchmesser : Rosenstocklänge	

Bei nachfolgendem Hirsch **(3.)**, der im Revier nicht bekannt war, war das Ansprechen nach dem Wildkörper einfach, da alle Anzeichen auf einen älteren Hirsch hingewiesen haben, auch die Vermessung der Schalen ergab dies, sieht man jedoch das Kiefer an, wird man eines anderen belehrt. Man sollte sich die Altersschätzung nach Drechsler genau vor Augen führen und wird feststellen, dass das Alter nach der Backenzahnabnutzung auch bei bekannten Hirschen mit dem wirklichen Alter nur zu 60 % übereinstimmt. Darum sollte man unbedingt mehrere Methoden anwenden, um Gewissheit über ein „mögliches“ Alter zu erhalten.

Nach der Harke-Methode ist der Hirsch 9 Jahre: Rosenstockdurchmesser 46,9 mm, Rosenstocklänge 44,3 mm (46,9:44,3 = Wert 1,05)

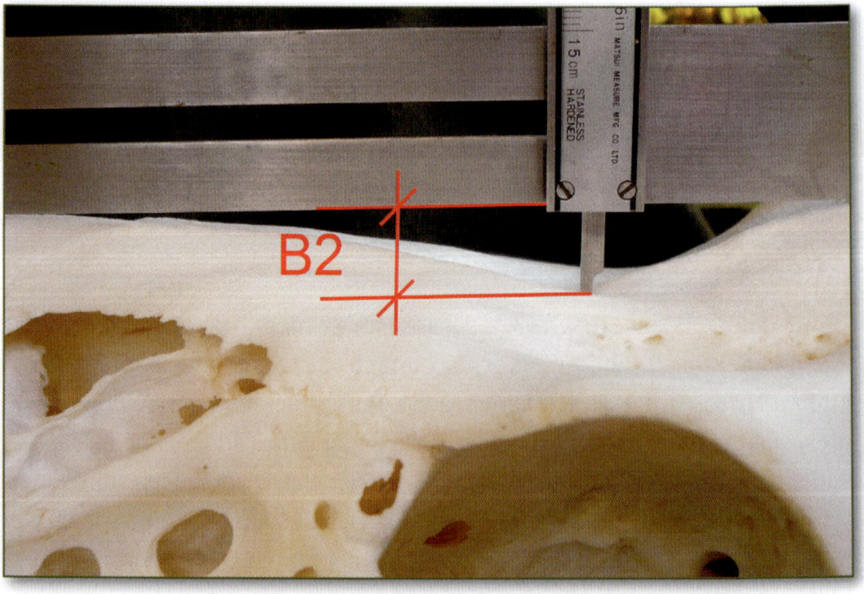

Nach der Stirnbein-Vertiefungsberechnung (B2) mit 9,75 mm

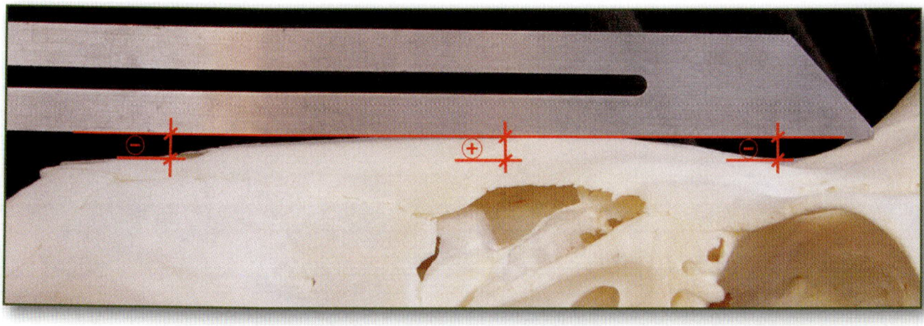

Nach der Nasenbein-Krümmung 10,3 mm

Laut Zahnabschliff (Zementzonen-Methode)
9 feststellbare Ablagerungen (9 Jahre)

Laut Kiefer 8–9 Jahre
Nach der Bewertung der zuständigen Bezirks-Bewertungskommission jedoch nur 6 Jahre. Warum diese Kommission den schon sichtbar (Schädelsubstanz) älteren Hirsch so bewertet hat, ist nicht nachvollziehbar.

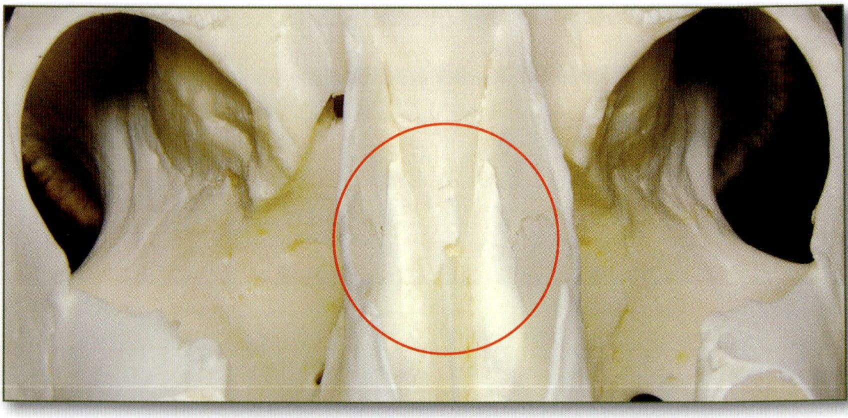

Die Schädel- Quernaht ist so gut wie geschlossen und somit ist der Hirsch ca. 10 Jahre.

Im Jagdzimmer hat dieser Hirsch seinen letzten Einstand gefunden.

Erfolgversprechende Zusammenfassung

- Alte Pirschsteige zu den Brunftplätzen gut einen Monat vor Brunftbeginn ausschneiden und von Ästen, Zweigen und Laub reinigen
- Im Brunftplatzbereich Suhlen aktivieren
- Wetter und Windrichtungen immer beachten
- Mondphase berücksichtigen
- Beim Angehen eines Hirsches die Bekleidung der Natur anpassen.
- Auf Gegenstände die blenden (Ringe, Uhr, Hutabzeichen) verzichten.
- Einen Ruf verwenden, der eine gute Resonanz hat und den man beherscht.
- Mit dem Ruf eines suchenden sehnsüchtigen Hirsches mittlerer Stimmlage beginnen.
- Meldet sich der Hirsch auf den Ruf eines suchenden Hirsches, sollte man sich der Stimmlage des Hirsches anpassen und ihn zu reizen versuchen.
- Steht der Hirsch beim Rudel, gibt es zwei Möglichkeiten: entweder ein Absprengen eines Beihirsches oder ein Treiben eines Tieres naturgetreu nachstellen.
- Ist der Hirsch nahe genug, kann man auch versuchen, ihn mit dem Mahnen eines Tieres (ÄÄng) zum Zustehen zu bewegen.
- Verursacht man Lärm beim Angehen eines rufenden Hirsches durch brechende Äste oder Zweige, sollte man sofort ein Absprengen eines Rivalen imitieren.
- Tiere, die aufmerksam im Rudel stehen, beachten!
- Warnlaute der Vögel nicht unterschätzen!
- Merkmale eines reifen Hirsches beim schnellen Ansprechen: Haupt ist breit und stumpf, bullig, starker und breiter kurzer Träger, kräftiger Vorschlag, kaum sichtbare Rosenstöcke, Rosen nach außen geneigt, Stimme ist kurz, tief und rau, steht breit auf den Läufen.
- Handliche Waffe mit variablem Zielfernrohr verwenden.
- Kaliber sollte nicht zu klein sein, ideal 9,3 mm.
- Versorgung nach dem Schuss nach den Wildbret-Hygiene-Bestimmungen

Schlusswort

Die Rufjagd auf einen Brunfthirsch ist und kann für jede Jägerin und jeden Jäger spannend und unvergesslich sein oder noch werden. Von Vorteil ist, wenn man die verschiedenen Lautäußerungen zu deuten vermag. Leider musste ich zur Kenntnis nehmen, dass sich das Brunftverhalten immer wieder ändert bzw. manchmal die begehrten Hirschstimmen in manchen Gebieten überhaupt versiegen. Wo früher Hirsche noch aus vollem Halse geschrien haben, gibt es keine einzige Stimme mehr, die auf die Bemühungen eines Rufjägers antworten könnte. Die Menschheit trägt sehr viel dazu bei, die Lebensräume des „Königs der Wälder" zu verändern bzw. zu zerstören. Der Tourismus breitet sich von Jahr zu Jahr aus. Neue Sportarten werden entdeckt, und Freizeitmenschen dringen bis in die entlegensten Gräben und Einstände des Rotwildes vor und beunruhigen es dadurch kontinuierlich. Betrachtet man die gesamte Entwicklung – Unterbrechungen von Wildwechsel, allgemeiner Industriefortschritt, forstliche Veränderungen, vermehrte Naturkatastrophen, Abschussregulierungen usw. – in den letzten 40 Jahren in verschiedenen Jagdgebieten, so erhält man Fakten, die einen wie mich sehr nachdenklich stimmen. Wo führt dieser Weg in denn nächsten 40 Jahren „wirklich" hin? Wir alle, ich meine, wir, die das Weidwerk ausüben, können und sollen unseren Teil dazu beitragen – der eine mehr, der andere weniger –, die vorhandenen Lebensräume für unser Rotwild so gut es geht aufrechtzuerhalten, damit unsere Kinder und Kindeskinder, falls sie in unsere Fußstapfen, nämlich das „Weidwerk", treten, auch noch Brunften erleben, wie wir sie heute noch miterleben dürfen.

Aus unserem Programm

ISBN 978-3-7020-1202-1